H. P. Heller

Museumsdorf Bayerischer Wald

Das ländliche Handwerk

Das Museumsdorf zeigt die historischen Bauformen aus dem 14.–19. Jahrhundert, hervorragende Zeugen bäuerlicher Baukunst.
Hier werden große Sammlungen alten bäuerlichen Kulturgutes und komplette Werkzeugsammlungen von allen Handwerksberufen erhalten.

Museumsdorf Bayerischer Wald

H. P. Heller

Das ländliche Handwerk

VERLAG MORSAK

Herausgeber: Georg Höltl, Museumsdorf Bayerischer Wald

Druck und Bindung:
Buch- und Offsetdruckerei Morsak oHG, 8352 Grafenau
ISBN 3 87553 094 2

Geleitwort

Artur Hazelius, der Begründer des Freilichtmuseums im schwedischen Skansen, schrieb 1891: »Es kann der Tag kommen, da all unser Gold nicht reicht, uns ein Bild der entschwundenen Zeit zu formen.« Seine Sorge galt hier nicht so sehr den Schlössern, Kirchen und Patrizierhäusern, sondern der ländlichen Baukultur, den Handwerksgeräten und Gegenständen des Wohnens und des Alltags. Durch die aufkommende Industrialisierung, die veränderten Arbeitsbedingungen und den Wandel überlieferter Formen ging eine jahrhundertelange Tradition in der Volksarchitektur und der bäuerlichen Arbeitswelt ihrem Ende zu. Aus dieser Situation heraus hat Artur Hazelius das erste Freilichtmuseum gegründet, um die Kultur einer »entschwundenen Zeit« festzuhalten, sichtbar zu machen, zu dokumentieren. Es dauerte noch viele Jahre, bis auch andere europäische Länder die Gefahr erkannten und diesem Beispiel folgten. Inzwischen gibt es auch in Bayern Freilicht- und Bauernhausmuseen. Aber diese Idee wurde mitunter um Jahrzehnte zu spät verwirklicht, denn nicht der Krieg, sondern Wohlstand und wirtschaftliches Wachstum haben zum Verlust wertvoller bäuerlicher Sachkultur und handwerklicher Tradition geführt.

Es ist deshalb besonders erfreulich, daß es dort und da im bayerischen Land kulturbewußte Persönlichkeiten gab und gibt, die sozusagen in letzter Minute bedeutende Objekte der ländlichen Baukultur vor dem drohenden Verfall oder Abbruch gerettet haben, sei es an Ort und Stelle oder durch Transferierung an einen dafür geeigneten Platz. Und nicht nur die Bauten als solche, auch die ursprüngliche Ausstattung in Wohnhaus, Stall und Scheune, die Gegenstände des bäuerlichen Kleinhandwerks gilt es zu erhalten, wenn man die Agrar- und Wirtschaftsformen einer Dorf- und Siedlungsgemeinschaft früherer Zeit dokumentieren will.

Dies alles ist Georg Höltl mit seinem »Museumsdorf Bayerischer Wald« gelungen, der 1972 die Rothaumühle bei Tittling erworben hat und fachgerecht instandsetzen ließ. Inzwischen konnten bedeutende Objekte hinzugefügt werden – technikgeschichtliche Denkmäler, denen bislang nur wenig Beachtung geschenkt wurde.

Was hier geleistet, vor allem was hier der Kulturlandschaft des Ostbayerischen Raumes gerettet und erhalten wurde, wird man vielleicht erst in der Zukunft richtig ermessen können. Als Anerkennung dieser Bemühungen hat der Bayerische Landesverein für Heimatpflege e.V. Georg Höltl die Medaille »Für vorbildliche Heimatpflege« verliehen.

Wenn nun aus der Feder des mit seiner Heimat verbundenen Schriftstellers H.P. Heller eine Veröffentlichung über »Das ländliche Handwerk« im Bayerischen Wald vorgelegt wird und als erster Band einer Serie »Museumsdorf Bayerischer Wald« erscheint, so wird damit dankenswerterweise das Ziel verfolgt, die Kulturgeschichte der verschiedenen in diesem Raum beheimateten Handwerkszweige anhand historischen Bildmaterials darzustellen und zu beschreiben. Damit soll Verständnis geweckt werden für die reiche Handwerkstradition, für die ehrwürdigen Zeugnisse heute fast vergessener Berufe. Soweit Handwerkszweige aber noch lebendig sind, möge gerade die junge Generation Interesse daran finden, sich diesen Berufen zu widmen.

Ich wünsche diesem Buch viele interessierte Leser, dem Museum aber einen zahlreichen Besuch und eine möglichst große Breitenwirkung.

München, den 14. September 1977

Rudolf Hanauer
Landtagspräsident

Das ländliche Handwerk

Als der Mensch aus der Höhle trat und sich ein Haus baute, als er die Tiere zähmte und Getreide aussäte, da war er immer noch zuerst ein Handwerker, bevor er Bauer wurde. Denn er formte Messer aus Stein, Nadeln aus Knochen, Schaber aus Muscheln und Schüsseln aus Holz. Der Mensch hatte viel Zeit und lernte aus Fehlern.

Aus den Fähigkeiten, die der Mensch in seiner vieltausendjährigen Siedlungsgeschichte erwarb, entstand das ländliche Handwerk.

Die vielen Berufe des ländlichen Handwerks schildert dieses Buch. Wenn dabei speziell auf die ländlichen Berufe des Bayerischen Waldes eingegangen wird, dann deshalb, weil sich viele »ausgestorbene« Berufe im Bayerischen Wald am längsten erhalten haben. Und weil das »Museumsdorf Bayerischer Wald« in so engem Zusammenhang mit dem ländlichen Handwerk steht.

Ländliche Handwerker haben die Gebäude des »Museumsdorfes Bayerischer Wald« einst geschaffen und ländliche Handwerker haben sie originalgetreu wiederaufgebaut. Die Menschen, die einst in diesen Häusern gelebt haben, waren alle noch ländliche Universalhandwerker, sie waren Zimmerer und Maurer zugleich, sie konnten aber auch weben und schmieden, backen und schlachten. Denn wie alle Siedler, so lebten auch die Menschen im Bayerischen Wald »autark«, bevor die Dorfgemeinschaften wuchsen und die Fertigkeiten einzelner zur Spezialisierung des Handwerks führten.

Angeregt hat dieses Buch Georg Höltl, der Gründer des »Museumsdorfes Bayerischer Wald«. Dabei bewegt ihn bei seiner Sammlung niederbayerischen und speziell waldlerischen Volksgutes nur ein Gedanke - der Heimat zu dienen!

H. P. Heller

Besenbinder

Die schnellwüchsige Birke war für den Waldler-Bauern von großem Nutzen. Ihr Holz eignete sich besonders für Lichtspäne und für viele Holzwaren, ihre Ruten waren das Material für den Besenbinder. Auf dem Bauernhof band man nur die Besen für den Hausgebrauch, doch mancher Inwohner spezialisierte sich aufs Besenbinden und brachte es zu so einer Fertigkeit, daß beim Verkauf ein kleiner Gewinn herausschaute.

Ihn, der die Besen verhausierte, an feste Auftraggeber lieferte oder (mit weit geringerem Verdienst) an Händler abgab, nannte man dann »Besenbinder«. Hieß er Johann oder Hans, dann war er eben der »Besenbinder-Hansei«. Wenn die Familie mithelfen konnte, ließ sich die Produktion erheblich steigern; zwei Leute fertigten am Tag 30 Besen an. Bediente man sich dazu der Strickspannung oder anderer Hilfen, ging das Besenbinden sehr schnell von der Hand.

Die gebündelten Birkenruten wurden mit Birkenzweigen, »Wiedel« genannt, die zuvor gespalten oder flachgeschabt werden mußten, abgebunden, beziehungsweise umflochten. Dazu verwendete der Besenbinder ein keilförmiges Holz oder die Stange eines Rehgewichtels. Man unterschied zwischen langen und kurzen Besen. Die langen Besen waren aus einem Stück, das heißt, die Ruten waren so lang, daß sie auch gleich den Stiel ergaben. In die kurzen Besen mußte man erst noch einen Stiel stecken.

Der Besenbinder mußte auch darauf achten, daß sein Vorrat nicht zu stark ausdörrte. Deshalb legte er die Besen in lange Reihen, mit den Stielen nach innen, und beschwerte sie mit Brettern, auf die Steine gelegt wurden. Trotzdem mußten länger gelagerte lange Besen (aus langen Ruten) oft noch einmal nachgebunden werden, bevor sie abtransportiert wurden, während das bei den kurzen Besen nicht notwendig war. Wenn in die kurzen Besen der Stiel hineingesteckt wurde, glich sich der durch Austrocknen erfolgte Schwund wieder aus.

Schon frühzeitig wurden die Besen auch mit Draht gebunden. Der Reisbesen wurde dann zur großen Konkurrenz des Birkenrutenbesens, bis schließlich fabrikmäßig gefertigte Besen mit Plastikborsten den Rutenbesen völlig verdrängten.

Alles wurde in einem Bauernhaus verwertet, auch der alte, abgekehrte Besen. Den Stumpf verschmierte man mit Pech und so präpariert diente der Besen als Fackel. In der Christnacht zogen die Burschen aus den einzelnen Dörfern in Gruppen, mit solchen Besen-Fackeln bewaffnet zur Kirche.

Volksmund:

Neue Besen kehren gut!
Unter dem Besen getraut
Mit eisernem Besen kehren
Als ob er einen Besenstiel verschluckt hätte
Die Hand, die samstags ihren Besen führt, wird sonntags dich am besten karessieren

Binder

Für die zahlreichen Brauereien im Donautal, im Vorwald und in den Hauptorten des Hochwaldes, für die Branntweinbrennereien, die Waldteer- und Wagenschmier-Hersteller wurden Gebinde in großer Zahl benötigt. Der Beruf des Faßbinders ist deshalb zu den ländlichen Berufen des Bayerischen Waldes zu rechnen, weil hier ja das Holz wuchs, das der Binder benötigte und gleichzeitig waren genügend mit dem Material vertraute Arbeitskräfte vorhanden. Ein jeder Bub wußte einst im Bayerischen Wald mit dem Schnitzmesser umzugehen.

Die Binder fertigten Butterfässer, Krautfässer, Melkzuber, Butten, Zubern und Schaffeln und viele andere Gefäße zumeist auf Bestellung, aber auch für die Märkte. Gebinde in größerer Zahl bestellten die Bergbaubetriebe, wie zum Beispiel die Graphitwerke im Obernzeller Hinterland; die Waldbeerenhändler verschickten ihre Ware ebenfalls in Gebinden. Da Sauerkraut einst eine wesentliche und als Vitaminspender auch wichtige Grundlage der sonst eintönigen bäuerlichen Kost war, hatten die Binder Krautfässer in großer Zahl herzustellen, die nach der Ernte bestellt (»angefriemt«) wurden.

Verarbeitet hat man meist nur weiche Hölzer wie Fichte und Tanne. Die vom Faßbinder (Böttcher) verwendeten »Dauben« wurden mit einer besonderen Axt aus dem Holzstück gekloben, dann mit der Spaltklinge auf die entsprechende Stärke gespalten, nach dem Trocknen mit dem Schneidemesser (auf der Heinzelbank) feingearbeitet und schließlich glatt gehobelt. Die Dauben erhalten an den Seiten Fugen, werden aneinandergesetzt (geschlagen). Die Dauben sind zwar bereits etwas gebogen gearbeitet, doch zum Aufsetzen der oben und unten engeren Faßbänder oder Reifen muß das zusammengesetzte Gebinde entweder über dem Feuer erwärmt, mit einem Seil und einer Winde zusammengezogen oder durch Kochen und Dämpfen biegsam gemacht werden. Sind die Reifen aus Holz (Weide, Haselnuß, Birke usw.) oder Bandeisen aufgesetzt, wird mit der Kröse im Faßinneren oben und unten eine Kimme eingehobelt, in die man nun die Böden einsprengt.

Die Fässer werden, haben sie Spund- und Zapflöcher bekommen, schließlich geölt oder gestrichen. Das Bindergewerbe hielt sich am längsten bei den Brauereien, doch auch dort werden heute nur noch Aluminiumfässer verwendet.

Volksmund:

Übel daran sein, wie der ärmste Faßbinder
Ein Faß ohne Boden
Etwas im Faß haben
Das schlägt dem Faß den Boden aus!
Das Faß zuschlagen
Es schmeckt nach dem Faß
Er hat ein Faß angestochen
Volles Faß hat keinen Klang

Brunnenrohrbohrer

Einen Brunnenrohrbohrer als speziellen Beruf gab es auf dem Land nicht. Das Brunnenrohrbohren war Sache des Zimmermannes. Allerdings bildeten sich auch auf diesem Gebiet Spezialisten heraus, die es verstanden, mit einem langen eisernen Bohrer aus steckerlgeraden, dünnen Stämmen den Kern herauszubohren.

Die Holzröhren wurden benötigt, wenn das Wasser von einer weit entfernten Quelle zum Hof geleitet werden mußte. Oft waren mehrere Höfe an eine solche Holzwasserleitung angeschlossen. Die Abzweigung des Wassers geschah durch den sogenannten »Teilstock« mit den notwendigen aufsteigenden oder absteigenden Bohrungen. Hölzerne Wasserleitungsröhren gibt es zwar kaum mehr auf dem Dorf, aber in den Städten liegen noch zahlreiche Holzröhren unter den Straßen. In den Städten und bei den herrschaftlichen Gütern gab es aber auch ebenso wie in den Klöstern eigene Brunnenbohrer.

Volksmund:

Einen Brunnen neben der Quelle bohren
Eine Sache an allen Brunnen erzählen
Den Brunnen zudecken, wenn das Kind hineingefallen ist
Die Hoffnung ist in den Brunnen gefallen
Die Mädchen werden immer getadelt, die lange am Brunnen verweilen
Die politische Brunnenvergiftung

Bürstenbinder

Zuerst war es eine winterliche Hausarbeit, genau wie das Besenbinden und vieles andere, doch auch aus dem Bürstenbinden wurde ein Handwerk und schließlich sogar eine Bayerwald-Industrie, die heute noch existiert. Der ländliche Bürstenbinder stellte seine Bürstenbrettchen selber her, denn er beschäftigte sich meist auch mit anderer Holzarbeit. Hartes Holz mußte es sein, in das er seine Borsten einzog. Er verwendete dazu verschiedenes Material tierischer und pflanzlicher Herkunft. Neben den im Haushalt gebräuchlichen Wurzelbürsten (aus Reiswurzeln) stellte er auch Schuhbürsten, Bartbürsten, Haarbürsten und Pinsel her.

Volksmund:

Saufen wie ein Bürstenbinder
Schelten wie ein Bürstenbinder
Laufen wie ein Bürstenbinder
Scharfe Bürsten kratzen die Wolle ab

Drechsler

Er gehört zum ländlichen Handwerk, der Drechsler, obwohl er einer der ersten war, der seinen Betrieb mechanisierte. Vom Drechsler wurde einst im Bayerischen Wald das hölzerne Eßgeschirr angefertigt, er konstruierte das Spinnrad. Unter seinen geschickten Händen entstanden die Klöppel für die Spitzenklöpplerinnen, er drechselte Kegel und Kegelkugel, Nudelwalker und Buttermodel, Bierkrüge und Serviettenringe, Eierbecher und Apothekerbüchsen.

Sicher hatte mancher Bauer selber eine Drehbank in der Scheune stehen, eine ganz einfache, auf der er grobe Drechslerarbeiten selber verrichten konnte, doch die feine Ware - auch die hölzernen Fleischteller - gerieten dem Handwerker besser. Daß es sich um ein altes Bayerwaldhandwerk handelt, zeigt der im ganzen Wald oft vorkommende Name »Draxler« und »Drechsler«.

Eine Drechslerwerkstatt war einfach ausgerüstet. Neben der Schnitzbank zur Bearbeitung des Holzes mit dem Schnitzmesser war die hölzerne Drehbank das wichtigste Mobiliar. Auf der Drehbank mit einem Holzrad - mit dem Fuß angetrieben - wurden die vorgefertigten Holzstücke dann ausgedrechselt. Die Drehbank diente gleichzeitig auch als Bohrbank. Der Bohrer wurde mit Pedal und Schnur in Bewegung gesetzt, die um eine Rohrspindel geschlungen und an einer Stange befestigt war, die auf und niederwippte.

Das von ihm zur Arbeit benutzte Werkzeug Schnitzmesser, Hacke, Säge, Bohrer und Drehstahl, fertigte der Dorfschmied soweit vor, daß dem Drechsler nur noch das Schärfen blieb und das Ansetzen der Griffe. Der Drechsler mußte über umfangreiche Kenntnisse verfügen, von der Auswahl des Holzes bis zur Verwendung der richtigen Messer, Dreheisen (Meißel) und Bohrer.

Der Bayerwald-Dichter Johannes Linke schildert die Arbeit der Drechsler und der »Holzbitzler« so: »Dann zwängen sie die Klötze in die

Spindel der Drehbank, an der die kleinen Buben schon treten müssen, und während das Holz ins Schwingen gerät, setzen sie ihre blankgeschliffenen Messer an, daß die weißen Fahnen flattern und die Späne davonwirbeln. Die Sensenstiele spannen sie zwischen die Haken der Hobelbank und lassen Schlichthobel, Rauhbank und Ziehklinge über die Stange hingleiten, bis jeder rauhe Fleck geglättet ist. Der Heinzelkopf der Schnitzbank schnappt zu und packt das geklobte Buchenstück, über das das Reifmesser in raschen, sicheren Strichen dahinfährt, und läßt es erst wieder aus, wenn der Kochlöffel handgerecht zu seinen Gefährten fällt, um mit ihnen zusammengebündelt auf den Boden zu wandern«.

Im vorigen Jahrhundert schon schloß der Drechsler sein »Werkl« an die Wasserkraft an, die ihm die Mühsal des Drehens und Bohrens abnahm, auf die er den größten Teil seiner Kräfte verwenden mußte. Später ersetzte die Dampfmaschine das Wasserrad und allenthalben im

Wald begann die industrielle Fertigung der Drechslerware.

Färber

Als die Bauern ihre Leinwand noch selber einfärbten, war auch die Färberei ein ländliches Handwerk. Wie alle anderen spezialisierten sich bald auch die Färber. Es entstand die Schwarz- und Schönfärberei. Die meisten Stücke wurden mit Indigo blau eingefärbt. Das Indigo kam über England nach Deutschland. Der blaue Farbstoff ist in vielen Pflanzen enthalten, das war schon im Altertum bekannt. Der echte Indigo wird aus einer tropischen Pflanze gewonnen, die man in großen Mengen in Ostindien, Afrika und Amerika anbaut.

Sogenannter »falscher Indigo« wurde aus Waid gewonnen. Bevor Indigo in größeren Mengen eingeführt werden konnte, war Waid das wichtigste Material zum Blaufärben. Waid ist ein Kraut aus der Gattung der Kruciferen mit dem lateinischen Namen Isàtis. Die Blätter, im Juli und im September geerntet, werden luftgetrocknet und dann auf der Waidmühle zermahlen. Das Produkt wird angefeuchtet und zu handlichen Klößen geformt. Die feuchtgehaltenen Klöße gehen dann in Gärung über, wobei der Farbstoff frei wird. Die zerfallene Masse wird in Fässer eingestampft, in denen sich noch mehr Farbstoff bildet.

Eingefärbt werden von den Färbern Garn in Strähnen, aber auch ganze Leinwandstücke, »Weben« genannt. Die gefärbten Stücke werden über Zäune zum Trocknen aufgehängt, die Garnsträhnen auf eigene Gestelle.

Die Bauern bekamen vom Färber ein eigenes Zeichen mit nach Hause, das gleiche wurde an ihrem Leinen befestigt. Eine gute Beschäftigung brachte dem Färber das Auffärben der schwarzen Kopftücher, die zur Waldlertracht gehörten. Natürlich wurde nicht nur Leinen eingefärbt, sondern auch Webware aus Schafwolle und aus den verschiedenen Gemischen zwischen Wolle und Garn.

Kurz bevor die Weberei und die Färberei industrialisiert wurden, kamen noch die chemischen (Anilin) Farben auf.

r
e
d
b

d
d
d
b
e

Flachsbearbeitung

Die ersten Siedler im Bayerischen Wald mußten für ihre Bekleidung selber sorgen, der Webstuhl gehörte daher zum Mobiliar eines jeden Anwesens. In dem niederschlagsreichen Waldgebiet gedieh der Flachs gut, auch wenn er mehr Pflege brauchte als Getreide oder Hackfrüchte. Auch die Aufbereitung war beschwerlich und erforderte viele Arbeitsgänge. Das alles war Bauernarbeit. Das Endprodukt Leinen entstand dann in der engen Stube des Webers.

Im Jahr 1810 schrieb das »Intelligenzblatt des Regenkreises«, der Bayerische Wald sei eine einzige Leinwandfabrik und 1846 bezeichnete man den Flachs in einer Abhandlung über den Bayerischen Wald als dessen vorzüglichstes Produkt des Feldbaus. Wie wurde nun der Flachs bereitet - vor 200 Jahren etwa ...

Der Leinsamen kommt im Mai und Juni aufs Feld. Nach dem Ausstreuen wird die »Linset« eingeeggt oder auch angewalzt. Sehr wichtig ist das Unkrautjäten. Reif ist er, wenn die Stengelblätter gelb sind und die Samenkapseln abwärts hängen. Dann wird er ausgerissen und zum Trocknen ausgebreitet, schließlich umgekehrt und nach etwa drei Wochen eingesammelt. In Bündeln wird er vom Feld gebracht.

Auf der Tenne wird er dann gerüffelt. Auf einem Balken sind etwa 40 cm lange eiserne Kämme angebracht, durch die man die Flachsbündel zieht. Dabei verliert der Flachs Samenballen, Unkraut und Erde von den Wurzeln. Der so gereinigte Flachs wird dann zum »Rösten« auf einem Stoppelfeld ausgelegt, wo er etwa vier Wochen liegenbleibt; Sonne und Regen zerstören den Leim, der die Bastfasern mit dem Stengelkern verbindet. Der trockene Flachs wird, wenn sich die Bastfasern lösen, eingesammelt.

Der nächste Gang ist das Dörren in den Dörrkammern des Brechhauses, in Einödhöfen auch im Backofen. Die Flachsbündel werden in den Backofen geschoben, nachdem das Feuer ausgeräumt ist. Das muß schnell geschehen, damit der Ofen nicht ausglüht. Um den Ofen gut füllen zu können, werden mitunter Kinder oder

junge Mägde in den heißen Ofen geschickt, um die Flachsbündel aufzustellen; halbtot kommen sie wieder heraus. Die Öffnung wird dann zugemauert und mit Lehm oder Kuhdung verschmiert, damit kein Luftzug den Flachs auf dem glutheißen Boden entzündet.

So war das im 18. Jahrhundert. Im vorigen Jahrhundert wurde der Flachs auf genossenschaftlicher Basis aufbereitet. Meist schlossen sich mehrere Bauern zusammen und bauten ein Brechhaus; vereinzelt war auch die Gemeinde Bauherr, wenn sie über genügend Geld verfügte. Das Brechhaus hatte dann auch eine Dörrkammer. Die Dörrkammer ließ sich von einem backofenförmigen Ofen beheizen. Darin wurden die Flachsbündel aufgestellt, wie zuvor - und in den Einödhöfen weiterhin im bäuerlichen Backofen. Während die Dörrstube gemauert war, bestand die Brechstube oft nur aus Holz und war mehr eine Hütte. Das Heizen übernahm meist ein älterer Mann, die Brechlerinnen waren Mägde und Angehörige der Bauern, oft auch Taglöhnerinnen.

In einer großen Breche werden nun die dürren Flachsstengel vom Bast getrennt, den dann die »Sauberbrecherin« bekommt, die für die Feinarbeit zuständig ist. Das Flachsbrechen ist zwar eine staubige und der Gesundheit nicht förderliche Arbeit, doch es geht dabei recht lustig zu. Kein Wunder, wenn da mehr als ein Dutzend Frauen beisammensitzen und nur ein Mann, ein älterer noch dazu, ist unter ihnen! Er heizt den Ofen, später bedient er auch die »Maschin«, zwei gerillte, ineinandergreifende Eisenwalzen, die mit einer Kurbel angetrieben werden und die grobe Brecharbeit verrichten.

Ein Bauer nach dem anderen kommt an die Reihe. Ist das Brecheln beendet, wird gefeiert. Das Brechlfest mit einem langen Mahl und vielen Scherzen war einer der Höhepunkte des Bauernjahres. Ein alter Brauch war auch der Brechel- oder Haarstubentanz.

Der fertige Flachs war Geld wert. In früheren Zeiten wurde er gegen Ware eingetauscht, die der Bauernhof nicht selber erzeugte, Dienstboten wurden mit Flachs entlohnt, Abgaben damit

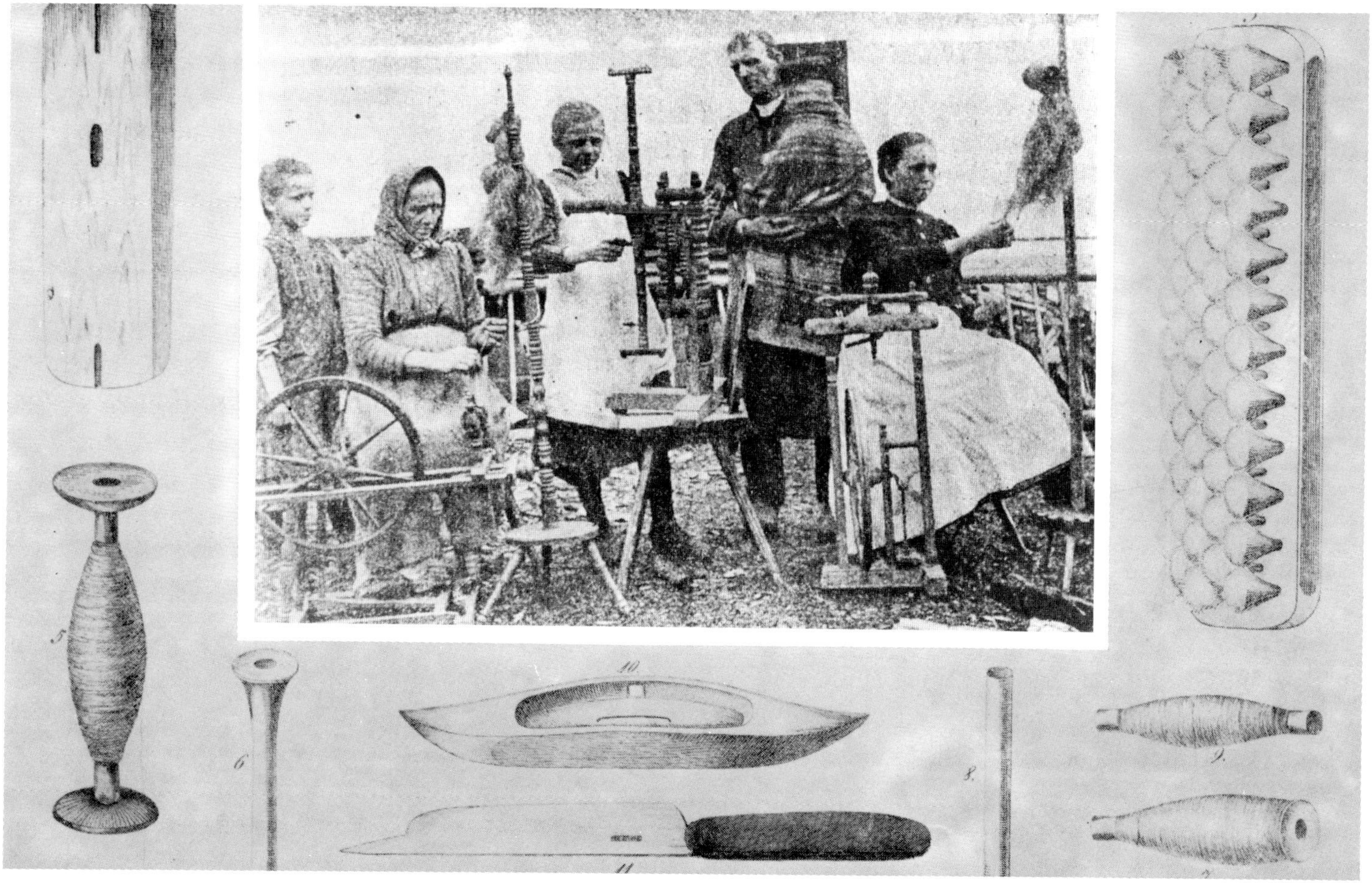

entrichtet und den Heiligen geopfert. Später kamen die Aufkäufer aus den Städten, auch die selbständigen Weber. Der Vater des Böhmerwalddichters Adalbert Stifter war ein Flachshändler, der auf dem Weg von Wels nach Lambach in Oberösterreich den Tod fand, als sein mit Flachs beladener Wagen umstürzte.

Bevor der Flachs versponnen wird, muß er erst richtig weich werden. »Schwingen« nennt man das Schlagen mit einem harten Holz. Dem folgt das »Hecheln«. Dabei wird der Flachs über einen breiten Kamm mit eisernen Stacheln gezogen. Nach dieser Marter hat er eine Weile Ruhe, denn je länger er liegt, desto feiner wird er.

Die einfachste Art des Spinnens ist die mit der Spindel, wie man sie heute noch auf dem Balkan sehen kann. Das Spinnrad dagegen ist schon eine richtige Maschine, die mit dem Fuß bedient wird, wie eine Nähmaschine; der von der Spinnerin vom Rocken gezupfte Flachs wird vom Rad zum Faden gedreht. Das Spinnen, eine harte Arbeit, war zum Ausgleich nur mit Spiel und Spaß zu ertragen.

Die alten Webstühle, auf denen nur glattes Leinen hergestellt werden konnte, waren ganz einfach gebaut. Mit einem Fußtritt hob der Weber jeden zweiten Faden der Kette, den Längsfaden. Dann nahm er das Weberschiffchen, in dem sich die Schußspule mit dem Querfaden befand, schoß oder schleuderte es hindurch und mit dem zweiten Tritt auf den Balken hob er die liegengebliebenen ersten Fäden und erneut schoß er das Weberschiffchen hindurch. Diese einfache Methode ergab die glatte Leinwand. Später wurden mehrtrittige Webstühle »erfunden«, mit denen man Zwillich- und Drillichgewebe herstellen konnte. Wenn mehr Schiffchen verwendet werden konnten, ließen sich bunte und karierte Gewebe erzeugen.

Das rohe Garn hatte eine bräunliche Farbe. Die Leinwand, die ja weiß werden sollte, mußte gebleicht werden. Auf sogenannten »Bleichen«, meist südseitigen Wiesen, wurde das Leinen ausgelegt und ständig mit Wasser bespritzt, damit es die Sonne richtig ausbleichen konnte. Nach dem Trocknen mußte die Leinwand auf

Walzen gewickelt werden, die dann in die Kastenmangel kamen. Diese gewaltigen, mit Steinen gefüllten Holzkästen drückten mit 50 bis 100 Zentnern Gewicht auf die Walzen, die von Pferden am Göppel bewegt werden mußten.

Das einfache breite Leinen mit 90 Zentimetern und das doppelt breite mit 140 Zentimetern wurde auf den Märkten des Bayerischen Waldes feilgeboten oder in die Städte gebracht. Heute ist die Leinenweberei zum »Kunsthandwerk« geworden.

Volksmund:

So schaff' ich am sausenden Webstuhl der Zeit und wirke der Gottheit lebendiges Kleid
Der hat einen Webfehler
Dem geschicktesten Weber bricht zuweilen ein Faden
Auch alten Webern verwirrt sich das Garn

Gerber

Tierfelle waren des Menschen erstes Kleidungsstück. Die Schaber aus Stein, mit denen die Felle gesäubert wurden, gehören zu den ältesten Handwerkszeugen. Mit Knochennadeln wurden die Felle zusammengenäht. Schmale Lederstreifen, Tiersehnen und Darmsaiten dienten als Faden. Der Kürschner war für das Leder zuständig, das seine Haare behielt, das andere, vor allem von kurzhaarigen Tieren, bekam der Gerber zur weiteren Verarbeitung.

Drei verschiedene Verarbeitungsarten kannten die Gerber: die Lohgerbung, die Weißgerbung und die Sämischgerbung. Die Lohgerbung ergab das Rotleder, das stärkste, das auch für die Besohlung der Schuhe verwendet wurde. Waren die einen also die Lederer oder »Rotgerber«, nannten sich die anderen »Weißgerber«, sie fertigten Weißleder an. In Bayern nannte man sie auch »Ircher«. Weißleder wurde für Lederbekleidung oder Schuhoberleder verwendet. Das feinste war das Sämischleder, das unter Zusatz von Fett gegerbt und damit weich wurde.

Da die Gerber für ihre Arbeit fließendes Wasser benötigten, siedelten sie an Bächen und Flüssen. Jahrhundertelang hielt sich das Gerberhandwerk in der gleichen Familie. In Passau gab es 1605 als Höchststand 11 Lederermeister oder Rotgerber. Die Lederergasse in der Passauer Innstadt erinnert an ihr Gewerbe, das bis in dieses Jahrhundert hinein am Inn betrieben wurde. Dazu kamen noch sechs Weißgerber. Sie hatten sich von den Lederern getrennt und eine eigene Berufsgruppe gebildet.

Die Rot- oder Lohgerber verwendeten als Gerbstoffe verschiedene Rinden, Galläpfel und andere Naturprodukte, die Gerbsäure enthalten. Die Alaun- oder Weißgerber brauten Gerberbrühe aus Alaun und Kochsalz. Daneben gab es noch die »Mineralgerber«, die Mineralsäure verwendeten. Die Sämischgerber wurden auch Fett- oder Ölgerber genannt, denn sie imprägnierten ihre Häute mit Fett oder Öl.

Die Arbeit der Lederer war schwer und ungesund. Unter den schwefelammoniumhaltigen Gasen litten aber nicht nur sie, auch die Nachbarschaft wurde belästigt. Im Orient, wo die Lederverarbeitung heute noch als Handwerk betrieben wird, läßt sich an den von einer Gerberei verbreiteten Gerüchen ermessen, was über den Lederergassen unserer Städte und Märkte für eine Duftwolke gelegen haben mag. Zum Glück hatten die Menschen früher nicht so eine feine Nase wie heute.

Die Gerber litten auch Schaden an ihrer Gesundheit, Geschwüre und Hautkrankheiten waren häufig, Lungenentzündung, Tuberkulose, Rheumatismus und andere Leiden gehörten zu den Berufskrankheiten. Noch um die Jahrhundertwende, als es schon Lederfabriken gab, starben laut Statistik des Deutschen Reiches von hundert Gerbern 40 an Schwindsucht. Die Gerbereien schädigten aber auch die Umwelt, ihre Abwässer gelangten ungereinigt in die Flüsse und vergifteten die Fische.

Glasmacher

Wenn in diesem Buch auch ein Glasmacher aufgeführt wird, dann hat das seinen Grund. Er gehört zwar nicht direkt zum »ländlichen« Handwerk, doch daß so viele Waldler im Laufe der Jahrhunderte zu ausgezeichneten Glasmachern geworden sind, hat seinen Ursprung sicher auch in ihrer über Generationen vererbten handwerklichen Geschicklichkeit. Sie erwuchs aus dem Zwang, sämtliche Geräte für Haus und Hof selbst herstellen zu müssen, bevor ziemlich spät die Spezialisierung der Berufe einsetzte.

Die Glasherstellung beginnt mit dem Schmelzen. Der Schmelzer war einst der am besten bezahlte Mann in einer Hütte, denn er kannte das Geheimnis der Mischung, das vom Vater auf den Sohn weitergegeben wurde. Viele Stunden dauert der Schmelzvorgang und so geistert auch in der Nacht das Licht der Glashütten durch den Wald. Dem Schmelzer zur Seite steht der Schürer, der für die Feuerung des Glasofens verantwortlich ist. Erst wenn die Schmelze »geläutert« ist, beginnt die Arbeit des Glasmachers oder Glasbläsers.

Sein wichtigstes Werkzeug ist die Pfeife, eine eiserne Röhre von 1,25 bis 1,75 Meter Länge und einem Zentimeter lichter Weite. Die Pfeife ist an jedem Ende mit einem Knopf versehen, von denen der eine als Mundstück, der andere zum Anhaften des Glases dient. Auf das obere Drittel der Pfeife ist eine hölzerne Hülse aufgeschoben, um den Glasbläser vor der Berührung mit dem heißen Eisen zu schützen.

Die Pfeife taucht der Glasbläser in die zähflüssige Schmelzmasse, dreht sie ein paarmal um ihre Längsachse, zieht sie dann heraus, hält sie mit dem Knopf nach unten, nimmt nach dem Erstarren des Glases auf gleiche Weise eine zweite, auch wohl noch eine dritte Portion Glas heraus, verteilt die ganze Glasmasse durch Hin- und Herwälzen auf der eisernen Marbelplatte möglichst gleichförmig um den Pfeifenkopf und bringt sie zum größten Teil vor den Knopf der Pfeife.

Indem der Glasbläser das Glas nun in der Arbeitsöffnung des Ofens wieder anwärmt und wiederholt stark in die Pfeife bläst, bringt er die erste Höhlung in die Glasmasse. Immer wieder wird das Glas angewärmt und nun - unter Benutzung verschiedener Formen - ausgeblasen. Die Model für die einzelnen Formen werden von einem eigenen »Formendrechsler« in der Hütte hergestellt. Am Werkzeug der Glasmacher hat sich bis heute nicht viel verändert; die Pfeife ist schon vor 2000 Jahren »erfunden« worden. Aber auch die anderen Hilfsmittel wie Model und Schere, Walkerhölzl und Marbelplatte sind heute noch dieselben.

Verändert hat die Technik hingegen die Herstellung von Tafelglas. Die Tafelglasmacher waren kräftige und geschickte Leute, sie verdienten viel Geld. Sie mußten die gewaltigen Glaswalzen ausblasen und formen, die dann gestreckt, gebügelt und aufgeglättet wurden.

Weitere Glashütten-Berufe sind die des Glasschneiders und Glasschleifers, des Graveurs und des Kuglers, des Emaillierers und des Glasmalers.

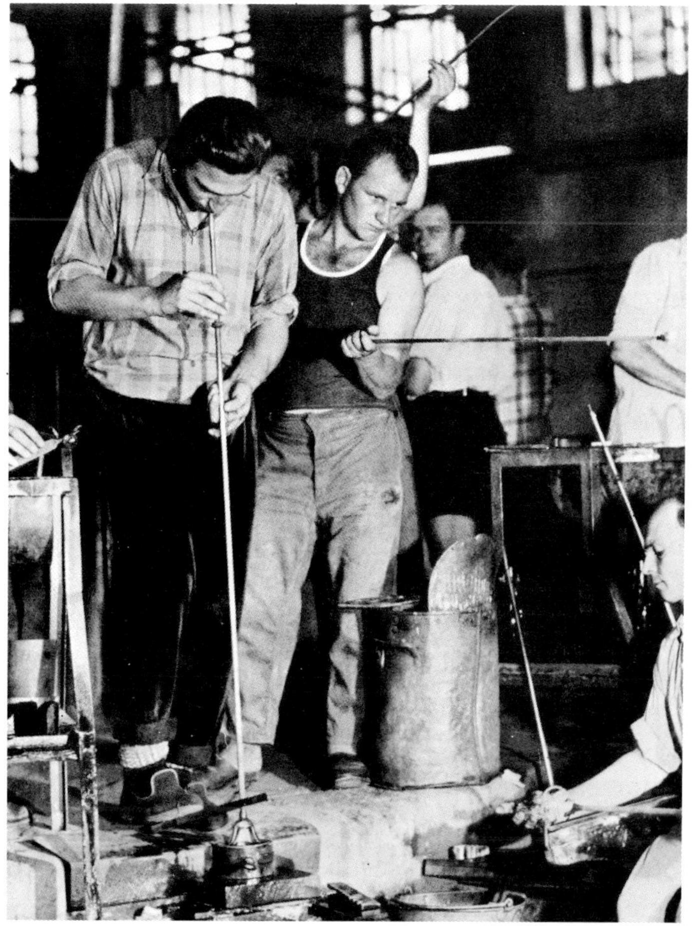

Hafner

Schnell und gründlich verschwunden ist das Hafnergewerbe. Dabei gab es im Bayerischen Wald und vor allem im benachbarten Böhmerwald einst zahlreiche Hafner oder Töpfer. Der Hafner saß nicht nur an der Töpferscheibe, er war auch ein geschickter Ofensetzer, Kachelöfen waren seine Spezialität. Die Kuchelherde in den Bauernhäusern dagegen mauerte der Bauer selber oder er holte sich einen Maurer, der sich aufs Ofensetzen verstand. Der eigentliche Ofensetzer spezialisierte sich erst später, sein Wirken blieb auf die Städte beschränkt.

Die Bäuerin brauchte vor allem große Töpfe, denn sie hatte viele hungrige Mäuler zu stopfen. Die großen waren die »Hafen«, die kleineren die »Haferl«. »Weidling« nannte man die Schüsseln, in denen die Reiberknödel angemacht wurden. Zum Abtropfen gab es einen durchlöcherten irdenen Käse- oder Knödeltopf. Mehr wie ein breiter Krug mit irdenem Griff sah der Topf aus, in dem das Essen aufs Feld getragen wurde. Es gab extra Milchtöpfe, verschiedene Krüge, natürlich Kraut- und Suppenschüsseln, irdene Kasserolen für Mehlspeisen, wie Nudeln, und irdene Backformen.

Dieses irdene Geschirr aus der Werkstatt des Hafners gehörte einst zur Grundausstattung einer Bauernküche. Doch schon im vorigen Jahrhundert wurde es durch Industriegeschirr ersetzt, durch Steingutware und Emailgeschirr. Der Hafner ist aus dem ländlichen Handwerksbereich verschwunden.

Volksmund:

Der Häfner, der den Lehm nicht tritt, verfertigt keinen Topf damit
Aus einem hohlen Hafen reden
Guck in deinen eigenen Hafen!
Für jeden Hafen gibt es einen Deckel
Wie Topf und Henkel zusammenpassen
Wie der Töpfer dreht, formt sich der Ton
Man soll nicht alles in einen Topf werfen
Ein Koloß mit tönernen Füßen

Hammerschmied

Die Geschichte der Hammerschmiede im Bayerischen Wald ist noch nicht geschrieben, sie reicht aber vermutlich bis ins 14. Jahrhundert zurück. Seit dieser Zeit wurde die Wasserkraft der zahlreichen Bäche des Waldgebirges nicht mehr allein von den Müllern, sondern auch von den Schmieden genutzt. Ursprünglich dürften Hacken ihr Hauptprodukt gewesen sein, denn man nannte sie auch Hackenschmiede. Doch sie fertigten in ihren Werkstätten ebenso Schaufeln, Sensen und Sicheln, Heutreter, Ketten, Strohmesser und sogar Pflüge und Eggen. In unruhigen Zeiten schmiedeten die rußgeschwärzten und bärenstarken Männer unter ihren Hämmern sogar Waffen. Das Eisen bekamen sie aus der Oberpfalz oder aus der Steiermark. Die Schmiede bezogen es über den Donauhandel, Passau und Obernzell waren die Hauptumschlagplätze. Zum Teil wurden auch örtliche Erzvorkommen genutzt, vor allem im Oberen und Mittleren Bayerischen Wald (Bodenmaiser Silberberg).

Wie sieht es in so einer Hammerschmiede aus? Meist sind zwei Hämmer eingebaut. Es gab dafür keine Zeichnung und keine Gebrauchsanweisung. Die Erbauer dieser Hammerschmieden hatten die Konstruktion im Kopf. Sie wurde von Generation zu Generation vererbt und verbessert. Etwa vier Zentner schwer war der »Breithammer«. Seine Schmalseite war mit Rillen versehen, um das auf dem Amboß liegende glühende Eisenstück besser bearbeiten, breitklopfen zu können. Der zweite Hammer hieß »Hasenhammer«, er war etwas leichter und diente zur »Feinarbeit«, zum Glätten des Werkstückes. Bewegt - das heißt angehoben - wurden die Hämmer durch eine dicke hölzerne Nockenwelle, die über ein ebenfalls hölzernes Zahnradgetriebe mit den außerhalb der Werkstatt laufenden Wasserrädern verbunden waren.

Die oberschlächtigen hölzernen Wasserräder bekamen ihr Wasser über hölzerne Rinnen vom gestauten Bach. Den Wasserzulauf konnte der Schmied regulieren; ein Seilzug war mit

beweglichen Schützen verbunden, so daß je nach Bedarf mehr oder weniger Wasser auf die Räder stürzte. Die Übersetzung der Wasserkraft auf die Zahnräder drehte eine Welle, die daran angebrachten Nocken hoben den schweren Hammer und ließen ihn auf das glühende Eisen oder auf das halbfertige Werkstück fallen. Auf das Geschick des Hammerschmiedes und auf die Art der von ihm verwendeten Zange, mit der er das Werkstück auf den Amboß hielt, kam es an, wie schnell eine Hacke oder eine Schaufel im Rohzustand fertig war. Den endgültigen Schliff erhielt die Schmiedeware auf einem ebenfalls von der Wasserkraft angetriebenen Schleifstein.

Wie alle Schmiede, waren auch die Hammerschmiede angesehene Leute, zu ihrer Zeit so etwas wie Fabrikanten, Industrielle. Das Geschäft ging gut bis ins 18. Jahrhundert hinein. Die Hammerschmiede waren bei den Grundherren und bei der Obrigkeit besonders wegen ihrer Fertigkeit in der Herstellung von Waffen geschätzt, vor allem Spieße und Streitäxte kamen aus ihren Werkstätten. Die Hammerschmiede und ihre Gesellen hatten viele Rechte und mancher wurde reich.

Heute erinnern nur noch Ortsnamen an die ehemaligen Eisenhämmer. Im »Museumsdorf Bayerischer Wald« steht ein voll eingerichtetes Hammerwerk mit zwei Hämmern, das noch wie in der guten alten Zeit arbeiten kann.

Volksmund:

Dafür hat der Schmied seine Zange
Geh zum Schmied und nicht zum Schmiedl
Des Schmiedes Hund schläft beim Amboss
Der kann zuschlagen wie ein Schmied
Gut beschlagen ist, wer vor die rechte Schmiede geht

Handschlagziegler

Beim Eindringen (um 500 n. Chr.) der Bajuwaren in unser Land blieb ein Teil der kelto-romanischen Bevölkerung in unserem Raum. Neben vielen Künsten übernahmen die germanischen Bauern, Hirten und Handwerker auch das Errichten von Steinbauten.

Die Ziegelsteine wurden seit uralter Zeit von Handschlagzieglern hergestellt. Das Material war die niederbayerische Tonerde. Der Ton (Lehm, Tegel) wurde aufbereitet zu einem gut formbaren und knetbaren »Teig«. Mit der Schlinge wurde von der feuchtweichen Tonmasse ein Stück abgeschnitten und in einen vorher eingesandeten Model gepreßt. Nach kräftigem Einrütteln in die Form wurde die Oberseite mit dem Drahtbogen abgezogen. Nun wurde der Model umgestülpt und unter kräftigem Schlagen mit der Hand (Handschlagziegler) auf die Modelrückseite, wurde der Rohziegel aus dem Model genommen. Diese Tätigkeit erinnerte ein wenig an die kuchenbackende Hausfrau. Anschließend wurden die Rohziegel etwa 14 Tage an der Luft getrocknet. Genügend trocken wurden sie im Feldofen gebrannt. Der Feldofen hatte Ähnlichkeit mit einer Miete (Kartoffeln und Rüben werden zur Frostsicherung in Mieten auf dem Feld eingeschlagen). Unter dieser Miete befand sich eine Art Heizkanal, in dem gefeuert werden konnte. Waren die Ziegel mit Erde eingeschlagen, erfolgte der Brand.

Viele Orte hatten Ziegelstadel, die wegen der Brandgefahr außerhalb der Ortschaft lagen, meist gleich an der Abbaustelle des Lehms. Die zahlreichen Ziegelstädel wurden von den Ziegeleien verdrängt, die vor allem moderne Brennmethoden (Ringofen → Zickzackofen → Tunnelofen) entwickelten. Der Vater des letzten Handschlagzieglers in Niederbayern (Franz Wimmer aus Marklkofen, s. Bild) erlernte sein Handwerk von Italienern, die kurz nach dem Ersten Weltkrieg mit der ersten Gastarbeiterwelle unseres Jahrhunderts nach Bayern kamen.

Franz Wimmer bei der Arbeit. Er war der letzte seiner Zunft. Jetzt werden auch die »handgeschlagenen« Ziegel maschinell hergestellt.

Holzbitzler

Die langen Winterabende im Bayerischen Wald zu einer Zeit, die wenig Abwechslung kannte, weckte manch schöpferisches Talent. So entstanden nicht nur Gebrauchsgegenstände aus Holz, auch allerhand Kunstvolles wurde gebitzelt. Da waren Bilderrahmen und Kruzifixe, Rockennadeln und Leuchter, Spazierstöcke und Schnupftabakdosen, aber auch Tierstücke und Kinderspielzeug. Trotzdem wurde um die Jahrhundertwende darüber geklagt, daß die »schlummernden Talente« nicht richtig zur Entfaltung gebracht würden, sie hätten, so hieß es in Zeitungen und Zeitschriften, »manchem Waldler zu einer gesicherten Existenz verhelfen können«.

Kinderspielzeuge fertigten die Bitzler im Auftrag Nürnberger Händler nach Vorlagen. Spazierstöcke, aus Ästen oder skurril geformten Wurzeln hergestellt, wurden gern von den Touristen gekauft. Als besonders wertvoll galten die Spazierstöcke aus Wacholder. Es waren »gewachsene« Stöcke, denn schon im Wald wurden die unteren Äste abgeschnitten, im zweiten Jahr auch die oberen und im dritten Jahr konnte der Stock »geerntet« werden. Er wurde geschält, im heißen Wasser gebogen und dann verfeinert. Die Stöcke aus der Kranewitstaude waren leicht und beinahe unzerbrechlich, sie wurden von Generation zu Generation weitervererbt.

Besonders gern verarbeiteten die Bitzler die Wurzel-Stöcke von Birken, denn sie hatten viele verknorpelte Wurzelansätze. Daraus wurden zum Beispiel auch Bierkrügerl mit Deckel angefertigt. Es gab Tabakpfeifenschneider von Beruf, sie verzierten ihre Wurzelpfeifen mit Silberbeschlägen und Perlenschnüren. Die Birkenrinde gab das Material für Tabakdosen. In die Öffnung war ein Schiebedeckel eingearbeitet und gefüllt war die Dose mit Schmaizler oder Brasil aus den Schnupftabakfabriken des Bayerischen Waldes. Wie die Pfeifen, waren auch die Tabakdosen schön verziert, etwa mit Tierköpfen oder Gesichtern.

Aus den Reihen der ländlichen Holzbitzler kam immer wieder einmal ein begnadeter Künstler, der ganz ohne Schul- oder Fachschulbildung, ohne Lehre, die schönsten Zeichnungen und Schnitzarbeiten anfertigen konnte. Hatte er Glück, wurde er etwa von einem kunstsinnigen Pfarrer entdeckt, machte er sich bald als Bildhauer einen Namen. Aus den Werkstätten dieser ländlichen Bildhauer gingen unzählige Kreuzwegstationen und Heiligenfiguren hervor, ja, ganze Altäre, die heute wertvolle Kunstdenkmale sind. Bezahlt wurden die ländlichen Bildhauer schlecht. Ein meterhoher Christus aus Lindenholz, an dem der Bildhauer mehrere Wochen arbeitet, brachte vor hundert Jahren keine 50 Mark.

Eine eigenartige Arbeit der Holzbitzler waren die langen Hirtenhörner. Ein gut zwei Meter langer Nadelholzast wurde geschält und in der Mitte durchgesägt. Aus den beiden Teilen entfernte man den Kern, dann klebte man sie wieder zusammen. Damit es besser hielt, aber auch zur Verzierung, ist das Rohr teilweise mit Weiden umbunden worden. Dann hat man ein Mundstück angesetzt und das Signal-Instrument war fertig.

Volksmund:

Holz vor der Hütt'n haben
Aus demselben Holz geschnitzt sein
Sie sitzt da wie ein Stück Holz
Der hat hartes Holz zu hobeln
Das ist aber viel Holz
So man das tut am grünen Holz, was wird am dürren werden?
Vom Hölzchen aufs Stöckchen kommen

Holzdrahthobler

Nur astfreies Tannen- oder Fichtenholz kann für die Holzdrahtherstellung verwendet werden. Die Länge des Holzes richtet sich nach der Länge des Holzdrahtes. Es galt als ein besonderes Meisterstück, einen langen Holzdraht zu hobeln. Auf der Gewerbeausstellung in Nürnberg war vor dem 1. Weltkrieg ein 18 Meter langer Holzdraht zu sehen.

Das Holzstück wird gespalten, der Kern ist nicht verwendbar. Das in Vierteln geschnittene Stück wird geglättet und in die Hobelbank eingespannt. Für jede Drahtstärke gibt es ein anderes Hobeleisen. In Büscheln gebunden und zu Ballen verpackt, wird der Holzdraht verschickt. Ein Büschel enthält gerade so viele Drähte, wie man mit einer Hand umfassen kann, das sind etwa 300 Stück. 50 Büschel geben einen Ballen.

Ursprünglich wurde der Holzdraht hauptsächlich für die Zündholzherstellung verwendet, doch die Zündholzfabriken fanden bald eine andere, maschinelle Methode der Zündholzfertigung. Seither wird Holzdraht nur noch zur Anfertigung von Jalousien und Rolleaux benutzt, aber auch zum Weben von Tischdecken und Liegematten. Viele Holzdrahthobler fertigten gleichzeitig auch Jalousienbrettchen, da die Abnehmer (Jalousienfabriken) oft dieselben waren.

Holzdrahthobeln war anstrengend, deshalb wurde zum Ziehen des Hobels bald die Wasserkraft eingesetzt.

Holzhauer

Natürlich läßt sich darüber streiten, ob der Holzhauer zu den Handwerkern gehört. Sicher, Holzmachen ist im engeren Sinne kein Handwerk, der Holzhauer ist eigentlich ein Arbeiter. Doch wenn man bedenkt, welche Kenntnisse und Fertigkeiten auch er besitzen muß, dann kann man ihn durchaus zu den Handwerkern zählen.

Eigene Forstämter gibt es erst seit dem 18. Jahrhundert. Der Holzhauer, meist bei den Forstämtern als »Häusler« angesiedelt, verbrachte früher sein ganzes Leben im Wald, die Holzhauer bildeten eine »eigene Rass«. Ihr Werkzeug war die Axt oder Hacke und die scharfgeschliffene Baumsäge. In der Tasche hatte der Holzhauer nicht nur diverse Buchenkeile, sondern auch die Verpflegung für den ganzen Tag.

Als der Wald noch »unermeßlich« war, wurden die Bäume auch im Winter gefällt und sogleich abtransportiert; da oft hoher Schnee lag, mußte man sie ein oder zwei Meter über dem Boden abschneiden. Den Stock holte man dann im Sommer, deshalb nannte man das Stöckeroden auch »Summerauen«.

Die vom Waldbesitzer oder Förster zum Schlagen vorgesehenen Bäume waren gezeichnet. Die Holzhauer - immer zwei für einen Baum - sägten den Stamm zuerst auf der einen Seite ein, dann hackten sie auf der anderen Seite eine Kerbe. Die mitgebrachten Buchenkeile trieben sie in den Sägeschnitt so tief ein, bis sich der Baum in die vorgesehene Richtung neigte und zur Erde stürzte. Die gefällten Stämme wurden entastet und geschält. Das Schälen geschah mit einem scharfen Schäler oder dem Rappler. Für dünne Stangen verwendete man das Reifmesser. Die Rinde kaufte der Gerber. Die Stämme, die nicht ganz verwertet wurden, zerschnitten die Holzhauer in Sägeblöcke oder Scheiter.

Der Abtransport aus dem Wald erfolgte entsprechend den Gegebenheiten. Meist wurden die »Blöcher« (Stämme) erst abtransportiert, wenn der Schnee es erlaubte, sie mit dem Schlitten zu

Tal zu bringen. Die ganz großen Bäume wurden von Ochsengespannen abtransportiert, das Scheiterholz holten die Holzhauer selber aus dem Wald, sie zogen und lenkten ihre Schlitten selber.

Beladen wurde je nach Gefälle. Der Holzzieher saß zwischen den Hörnern des großen Schlittens von 70 oder 80 cm Spurweite und hing sich mit den Armen ein. Rechts am Schlitten befand sich der eiserne Krai, der Bremshebel. Die Beine streckt der Schlittenfahrer weit nach vorn, damit lenkt er und bremst auch ein wenig. Ein an einer Kette hinten an den Schlitten angehängtes Scheiterholzbündel war eine weitere Bremse. Riß sich der Anhang los und zerbrach auch noch die Bremse, dann konnte der Zieher nur noch abspringen, sonst war er des Todes.

Einst kündeten viele Marterl und Totenbretter im Wald vom schweren Los der Holzhauer, von denen nicht wenige Opfer ihres Berufes wurden, sei es, daß sie ein Baum erschlug oder ein ausgekommener Schlitten zermalmte. Auf dem Marterl war denn zu lesen:

»Mit frohem Mute Holz zu ziehen,
Begab er sich hinauf zum Wald,
Doch konnte er nicht mehr entfliehen,
Der Tod ereilte ihn alsbald,
Mit Brausen fuhr sein Schlitten los,
Und gab ihm schnell den Todesstoß.
O Herr, gib ihm die ewige Ruh«.

Volksmund:

Wär Holzhauen ein Orden, so wären nicht so viele Mönche geworden
Nix verhackt, an ander Holz her!
Holz in den Wald tragen
Dürres Holz schmeißt man in die Ecke
Auf dem Holzweg sein
Nehmet Holz vom Fichtenstamme

Holzschuhmacher

Wer kennt nicht die »Böhmschuh«, die heute noch im Bayerischen Wald getragen werden - ebenso wie ihre Verwandten in Frankreich, Belgien und Holland, die Pantinen. Der Holzschuh war einst genauso der Mode unterworfen, wie der Lederschuh. Es gab sie in verschiedenen Formen, ganz aus Holz, mit Lederoberteil, aber auch als Stiefel mit dicker, hölzerner Sohle.

Der Holzschuhmacher selber holt sich das geeignete Holz direkt aus dem Wald. Der Stamm wird in meterlange Stücke zersägt, die daheim gelagert werden. Wenn es an die Arbeit geht, wird das Holz in Scheiben von der Länge eines Schuhs geschnitten. Diese Scheiben werden in drei Teile gehackt, jeder Teil ergibt einen Holzschuh.

Das dreieckige Stück Holz wird nun im Holzbock (Heinzelbank) eingespannt und ausgehackt. Mit dem Reifmesser bekommt der Schuh seine Form. Um den Schuh nun aushöhlen zu können, wird er erst angebohrt, die Bohrlöcher werden mit dem Stemmeisen erweitert. Zum Herausholen der Späne bedient sich (Holzschuhmacher eines Herausreißers (»Au reißer«), ein ringförmiges, an der Unters geschliffenes Eisen. Verschiedene große Ste eisen treten in Tätigkeit, auch vielerlei Bo das Fersenmesser, das Zehenmesser und so weiter. Das Vorderteil richtig fußgerecht auszubohren und glatt auszuschaben ist die schwierigste Arbeit.

Die fertigen Holzschuhe werden dann in die Räucherkammer gestellt oder in den Rauchfang und schön dunkelbraun geräuchert wie Geselchtes; das Räuchern soll die Qualität verbessern. Ein guter Holzschuhmacher bringt es pro Tag auf sechs Paar, wenn es acht oder gar zehn Paar werden sollen, dann muß er schon bis in die Nacht hinein arbeiten. Der Holzschuhmacher verbraucht dafür einen ganzen Fichtenstamm, denn nur astreines Holz kann er verwenden. Das Holz war teuer und der Verdienst daher gering, denn Holzschuhe waren früher billig. Als besonders haltbar galten Holzschuhe aus Buche, die auch mehr kosteten.

Für die Holzschuhe, die nur eine hölzerne Sohle hatten, mußte der Boden bei der Bearbeitung besonders darauf abgestimmt werden. Rundum wurde eine Nut oder Fuge in das Holz geschnitten. Da hinein kam das Oberleder, das von einem darüber genagelten Lederstreifen festgehalten wurde.

Solche Schuhe trug der Böhmerwalddichter Adalbert Stifter, als er schon Schulrat in Linz war, auf seinen Reisen. Daheim hatte er noch richtige Holzschuhe, die er sich in größerer Zahl aus dem Böhmerwald kommen ließ. Stifter hatte sich in seiner Jugendzeit so an das Gehen auf der festen hohen Holzsohle gewöhnt, daß er davon auch nicht lassen konnte, als er schon längst Hofrat war. Alle kannten seine Schuhe und Stiefel mit den mehrere Zentimeter dicken Holzsohlen.

Stifter bekannte sich damit zu seiner bäuerlichen Herkunft wie der böhmische Herzog Przemysl, von dem die Sage erzählt, daß er zur Erinnerung an seine Dorfheimat ein Paar Holzschuhe mit nach Prag gebracht hat.

Köhler

Für die Eisengewinnung und später dann für die Hammerschmiede wurde viel Holzkohle benötigt. Diese Holzkohle erzeugte der Köhler. Der Bayerische Wald mit seinen schier unendlichen Wäldern lieferte ihm das Holz bis ins vorige Jahrhundert hinein, denn es war wohlfeil. Viele Hammerschmiede brannten sich ihre Holzkohlen selber, doch oft hatten sie nicht die Zeit dazu, denn die Kohlenbrennerei brauchte lange Weile.

Ein stehender Meiler enthält meist 20 bis 30 Raummeter Stockholz. Er wird auf einer ebenen und windstillen Lichtung aufgestellt, in deren Nähe ein Wasser fließt. Der Boden ist mit Lösche bedeckt, das sind Kohlenreste mit verbrannter Erde gemischt. Auf ihr brennt das Feuer besser, wie man ja selber auf einem Grillplatz ausprobieren kann. In des Platzes Mitte hat der Köhler drei Pfähle eingerammt. Zwischen diese Pfähle wird Kleinholz gefüllt, das leicht brennt. Davon ausgehend liegen starke Stangen sternförmig am Boden, die werden mit Holzabfall, meist Schwartlingen von der nahen Säge, so belegt wie ein Steg. Dies dient der Luftzufuhr. Um die Pfähle herum wird nun in Scheitern hergerichtetes Stockholz stehend aneinandergeschichtet. Über diese Haube, den Kern, wird Scheitholz zu einem Haufen gefüllt. Dieser Haufen wird mit Schwartlingen abgedeckt und mit grünen Nadelholzzweigen eingehüllt. Über das Reisig schaufelt der Köhler die Lösche, die verbrannte Erde also, die den Meiler rundum luftdicht abschließt.

Angezündet wird der Meiler von oben, das Kleinholz zwischen den Stangen brennt zuerst. Mehrmals täglich wird frisches Kleinholz nachgefüllt. Wenn der Meiler glüht, wird ab und zu unten die Bedeckung geöffnet, damit mehr Luft Zutritt hat. Das muß sehr geschickt gehandhabt werden, denn der Meiler darf nicht verbrennen, es soll auch keine Gasexplosion erfolgen, andererseits darf er nicht ersticken. Das Holz im Inneren des Meilers muß gerade soviel Luft bekommen, daß es glost ohne zu brennen.

Nach acht bis vierzehn Tagen ist die Arbeit getan, die Kohle kann »ausgezogen« werden. Die aus dem unten geöffneten Meiler herausgezogenen Holzkohlestücke werden mit Wasser gelöscht. Je geringer die Hitze im Meiler, desto größer die Ausbeute. Ein Festmeter Nadelholz ergibt etwa 200 kg Holzkohle, das sind 20 bis 25 Prozent des Eigengewichts.

Der Köhler, der einsam im Walde lebte, war vielerlei Gefahren ausgesetzt, doch er wußte sich auch Respekt zu verschaffen. Er sorgte wohl selber dafür, daß man den rußigen Gesellen fürchtete und schon immer beschäftigten sich Schauergeschichten und Sagen mit seiner Person - mit ihm, der im finsteren Walde der Glut des Meilers so nahe war wie der Teufel der Höllenglut.

Volksmund:

Wie auf glühenden Kohlen sitzen
Feurige Kohlen auf jemandes Haupt sammeln
Wie der Hahn über die Kohlen laufen
Er hat einen Köhlerglauben !

Kürbenzäuner

Die Kürbe oder Kürm ist ein Tragkorb, hergestellt aus einem umflochtenen Holzgestell. Die auf dem Rücken getragene Kürbe wird im Schwäbischen »Zeine« genannt. Allgemeinverständlich ist die Bezeichnung »Buckelkorb«. Auf alten Stichen ist die Abbildung eines Marktweibes sofort daran zu erkennen, daß es einen Buckelkorb trägt.

Die Kürm fand in der Landwirtschaft vielseitige Verwendung und wurde deshalb auch meist im Winter selber »gezäunt«, das heißt, geflochten; alle Männer auf dem Hof beherrschten die Kunst des Kürbenzäunens, am besten konnte es aber der Großvater.

Da auch der städtische Haushalt und der Handel Bedarf an geflochtenen Transportbehältern hatten, und besondere Fertigkeit auch entsprechende Einnahmen brachte, entwickelte sich aus einer »Heimarbeit« bald ein Beruf - der des Kürbenzäuners. Lassen wir einen von seiner Arbeit erzählen, für unsere nichtbayerischen Leser gleich ins Hochdeutsche übersetzt:

»Für eine Kürbe brauche ich einen ganzen Tag. Zuerst muß ich mir das Gestell herrichten. Dazu verwendet man Fichtenäste und Fichtenspaltholz. Für den Boden nehme ich Föhrenholz. Schon daraus sehen Sie, daß es sich beim Kürbenzäunen um etwas ganz anderes handelt als beim Weidenkorbflechten. Das Kürbenzäunen ist eine recht harte Arbeit. Die zugerichteten Äste müssen erhitzt werden, das geschieht meist im Ofenrohr, damit sie sich biegen lassen. Die mit dem Gestell verbundenen Schienen aus festerem Holz werden dann mit gespaltenem Weidenholz waagrecht verflochten.

Man kann natürlich alles Holz verwenden, das sich - erwärmt oder gewässert - leicht biegen und verflechten läßt. Zum Umkränzen des oberen Reifens der Kürbe nehme ich Fichtenwurzeln. Auch die Auswahl des Holzes ist eine Wissenschaft für sich, so muß ich zum Beispiel ganz genau wissen, auf welchem Boden und unter welchen Bedingungen die Weide gewachsen ist, deshalb suche ich mir das notwendige Holz lieber

selber aus. Wenn man die Salweide in der Zeit von Mai bis Juli fällt, verfärbt sie sich nach dem Schälen und das Holz wird rosa. Abwechselnd mit dem schneeweißen Espenholz verwendet, ergibt das ein schönes Muster«.

Der Kürbenzäuner stellt auch andere Formen her. So die »Reiter« in niedriger, rechteckiger Form, bei denen es darauf ankommt, den Zwischenraum zwischen dem Geflecht genau einzuhalten, denn sie dienen als Getreidesieb, das die Körner vom Stroh trennt, das beim Dreschen zum Korn gekommen ist. Dann gibt es noch die Schwinge. Über einen Reifen - aus einem Fichtenast gebogen - werden längere Bodenschienen so eingespannt, daß eine Wölbung entsteht. Die Bodenschienen werden dann verflochten. Die Schwinge wird in Haus, Scheune und Stall verwendet. Die Hausfrau holt damit das Brennholz, der Knecht den Hafer für die Pferde.

Der Kürbenzäuner geht auch auf die Stör. Bei den Bauern bessert er beschädigte Kürben und Schwingen aus, bekommt dafür das Essen und eine geringe Entlohnung; das Material stellt der Bauer. Weib und Kinder arbeiten im Winter mit, versorgen im Sommer das »Sachl«, denn der Kürbenzäuner ist meist Kleinhäusler mit zwei Kühen, einigen Schweinen und Kleinvieh. Im Sommer arbeitet die Familie bei dem Bauern, auf dessen Grund das Häusl steht.

Noch im vorigen Jahrhundert lebte so ein Kürbenzäuner nicht schlecht, vor allem dann, wenn er vielerlei Ware anzufertigen verstand, zum Beispiel auch Wäschekörbe, die auf den städtischen Märkten sehr gefragt waren. Der Vater des berühmten bayerischen Sprachforschers J. Andreas Schmeller war Kürbenzäuner und der Professor gedenkt in seinem Bayerischen Wörterbuch seines Vaters: »Der Kürbenzäuner, der aus Holz und Wurzelschienen Kürben flicht oder zäunt. (Unter allen Gewerben ist dieses unscheinbare dem Verfasser des Bayerischen Wörterbuches das ehrwürdigste, denn es ist das eines bald achtzigjährigen Ehrenmannes, dem er sein Dasein und seine erste Erziehung verdankt)«.

Leinendrucker

Model aus Birnenholz waren das Werkzeug des Leinwanddruckers, er stellte sie selber her. Im vorigen Jahrhundert gab es jedoch auch eigene Werkstätten, vor allem in Sachsen, die fertige Model mit besonders gängigen Mustern lieferten. Der Drucker war zugleich Färber.

Die im Wald verbreitetste Druckart war der sogenannte »Pappdruck«. Die gut gebleichte Leinwand wurde gekocht, gewaschen, gestärkt und gemangelt. Als Druckmasse verwendete man eine Mischung von Ton, Gummiarabikum und Kupfervitriol. Das Gemisch kam auf eine Schieferplatte, der Drucker setzte den Model erst auf diese Platte und dann auf die Leinwand. Danach färbte man die Leinwand ein. Die Farbe, zumeist Indigo, blieb auf den bedruckten Stellen nicht haften. Das Leinen wurde in fließendem Wasser oder auch in verdünnter Schwefelsäure ausgewaschen. Das Muster erschien nun weiß auf blauem Grund.

Wenn der Drucker bereits gefärbte Ware bekam, wurde der Öldruck angewendet. Daneben gab es noch den Mineraldruck und den Beizdruck. Die Farben sind in großen Messing- oder Kupferkesseln angerührt worden. Jeder Model hatte zwei eingesetzte oder ausgefräste Punkte, die dem Drucker anzeigten, wo er den Model beim Weiterdrucken ansetzen mußte. Es gab Model mit ausgestochenen Figuren und Mustern, aber auch solche mit eingesetzten, glatt geschliffenen Messingstiften, die das so beliebte Punktmuster ergaben. Zu gewissen Zeiten gab es im Wald mehr Drucker als Färber. Die Färber arbeiteten hauptsächlich im »Lohndruck«.

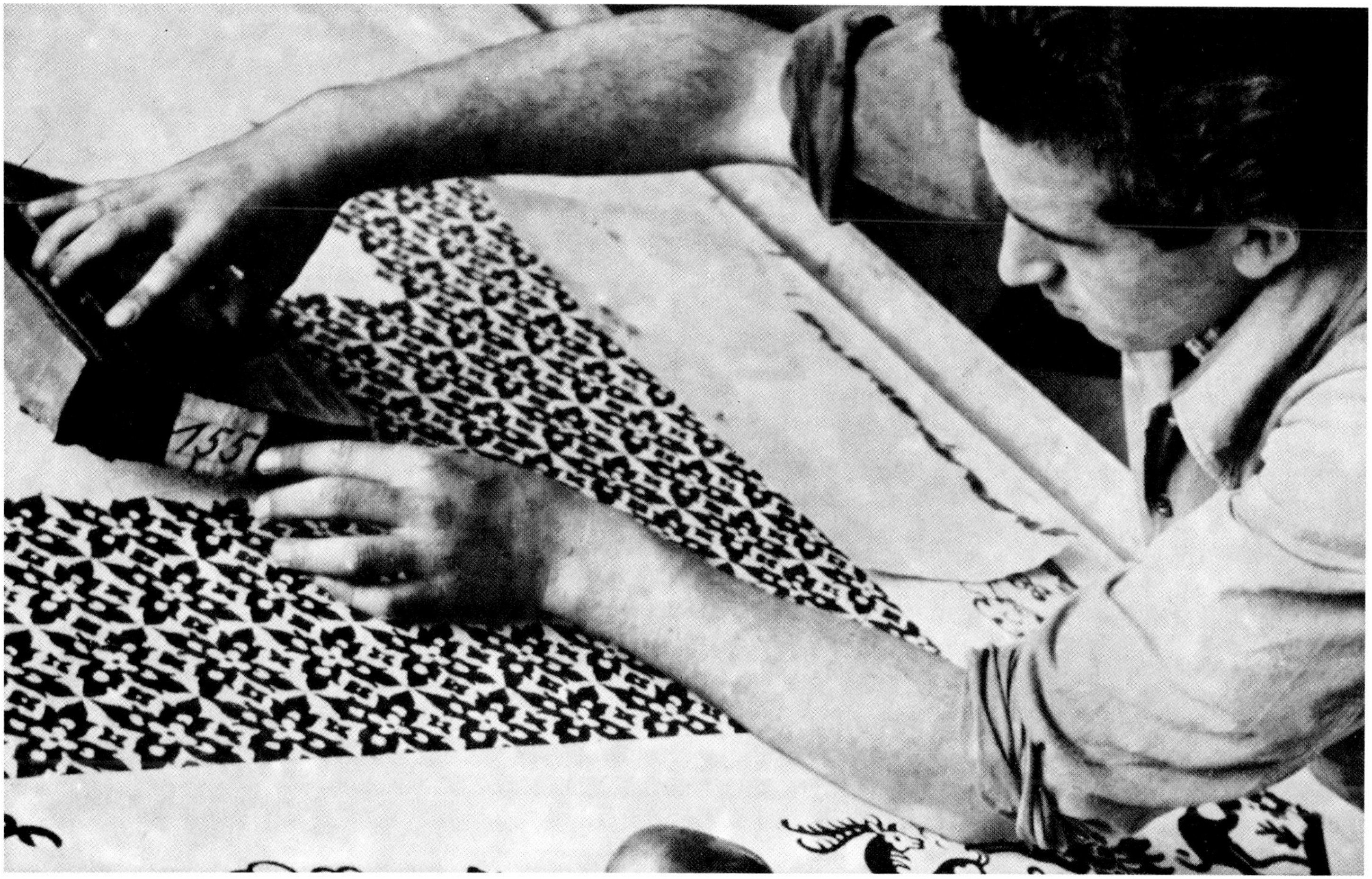

Maler

Auch der Maler war im gewissen Sinne ein ländliches Gewerbe, wenn er sich auch mehr in den Märkten und Städten des Waldlandes zuhause fühlte. Zu ihm, der eigentlich ein Künstler war, kam man, wenn man ein Votivtaferl brauchte, einen Kreuzweg aufstellen lassen wollte, ein Marterl. Er malte Wirtshausschilder und Schützenscheiben. Oft holte ihn der Schreiner, der eine Kapelle einzurichten oder ein Totenbrett zu liefern hatte. War er besonders begabt, wurde er - weil er nur eine bescheidene Rechnung stellte - auch als Kirchenmaler beschäftigt. In den Dorfkirchen und Kapellen gibt es noch viele Zeugnisse des dörflichen Malers, der die beliebten Muttergottesbilder herstellte und sich auf das Bemalen und »Fassen« von Heiligenfiguren ebenso verstand wie auf das Marmorieren von Holzverkleidungen an Säulen und Altären. Er bemalte die »Heiligen Gräber« und die Kripperlgewölbe. Schließlich verdiente sich mancher gutes Geld mit dem Bemalen von Bauernschränken, Truhen und Betten. Er konnte Inschriften zeichnen und für seine Bilder verwendete er meist grelle Farben, die nicht so schnell verblaßten. Sehr früh schon zeigte sich eben beim Maler, daß er zugleich handwerklich wie auch künstlerisch tätig sein konnte.

So ist es schwer, eine strenge Trennlinie zwischen dem »Maler« und dem »Kunstmaler« zu finden, bei der Beurteilung des ländlichen wie auch des städtischen Handwerkers früherer Jahrhunderte. Bei den alten Ägyptern war der Maler noch beides, er bemalte die Wände und Säulen mit roter oder gelber Farbe, er verstand sich aber auch auf das Malen von Schriftzeichen und Figuren. Das Porträtieren Verstorbener schied wohl erst den Handwerker vom Künstler. Besonders deutlich wurde die Trennung von »Maler« und »Kunstmaler« aber erst bei den Griechen und Römern.

Die bäuerliche Malerei hat eigentlich nur auf zwei Gebieten das besondere Interesse der Experten gefunden: Auf dem Gebiet der Hinterglasbilder und der Truhen und Kasten. Heute bemüht man sich auch, allerdings mehr im Bereich der Volkskunde, um die Votivtafeln und

Schützenscheiben. Sie unter dem Aspekt des ländlichen Handwerks zu betrachten, dazu ist die Zeit wohl noch nicht reif.

Maurer

Selbst in den Städten gehörten in den früheren Jahrhunderten die Maurer und die Steinmetzen zur selben Zunft. Auf dem Land war der Übergang fließend, eine Zunftorganisation gab es nur in den Städten, die Vorschriften wurden auf dem Land nicht so eng ausgelegt. So war der Steinhauer zugleich Steinmetz und Maurer, er verstand sich aufs Pflastern und vielleicht sogar aufs Zimmern und Dachdecken. Der ländliche Maurer war ein Alleskönner, wie der Schmied oder der Holzbitzler auf ihren Gebieten. Er konnte vielleicht sogar einen Brunnen bauen und wußte, wie man einen Ofen setzt.

Der ländliche Maurer war ein gesuchter Mann. Josef Blau schreibt: »Als der Eisensteiner Schmied 1760 ein neues Haus baute, ließ er den Viehstall mauern, was eine Ausnahme von der dörflichen Übung bildete. Er holte den Maurer aus dem drei Stunden entfernten bayerischen Städtchen Zwiesel. Als der Maurer mit dem Akkordlohn von 21 Gulden nicht zufrieden war, sagte der Schmied vor Gericht: 'Der Maurer hat erst zu Michaeli mit dem Baue begonnen und da mußte ich ihn erst durch das Zwiesler Landgericht an den Haaren herbeiziehen. Ich habe ihn im Frühjahr aufgenommen, wo lange Tage waren, für welche der Akkord gemeint gewesen'. Es war früher tatsächlich üblich, bei der Arbeitslohnberechnung lange und kurze Tage zu unterscheiden, denn es gab keinen Stunden-, sondern nur einen Taglohn.

Volksmund:

Maurerschweiß steht hoch im Preis
Wenn der Maurer gesündigt hat, soll man nicht den Zimmermann hängen.
Ein guter Maurer verwirft keinen Stein
Dem Maurer ist im Sommer keine Maß Bier zu teuer und im Winter kein Scherz Brot zu hart.

Metzger

Ein dafür besonders begabter Knecht, oft wohl auch der Bauer selber, übernahm das Hausmetzgern. Es ließ sich noch an, wenn eine Sau geschlachtet wurde, doch einen Ochsen vom Leben zum Tode zu bringen und ihn dann auch noch fachgerecht auszuschlachten, das war nicht jedermanns Sache. Dazu gehörte das Wissen um die einzelnen Teile eines Rindes. Dagegen wußte früher jedes Bauernkind, welche Vorbereitungen für ein »Schlachtfest« notwendig sind, und die Buben vor allem standen in der ersten Reihe, wenn der Sau das letzte Stündlein schlug.

Auch auf diesem Gebiet gab es in jedem Dorf einen »Spezialisten«, der zur Schlachtung und zum Wurstmachen gerufen wurde; ihn holten auch die Einödbauern. Großvieh wurde normalerweise nicht auf dem Hof geschlachtet, es ging an den Viehhändler. In den Genuß von Rindfleisch kamen die Waldler nur bei Notschlachtungen. Ansonsten kam nur Schweinernes auf den Tisch.

Frisches Fleisch war eine seltene Speise, kein Wunder, daß der Schlachttag ein Fest für den Hof und für die Nachbarn war. Während die Bäuerin das fette Bauchfleisch (Kessel- oder Wellfleisch) auf dem Herd stehen hatte, bereitete der Stör-Metzger die Blut- und Leberwürste. Er wählte auch die Stücke aus, die in die Räucherkammer wanderten. Sie wurden früher »salittiert«, das heißt, vor dem Räuchern in eine Salpeterlösung gelegt. Gewürzt hat man das Rauchfleisch noch mit Salz, Pfeffer und zerstoßenen Wacholderbeeren. Daran hat sich bis heute nichts geändert.

Volksmund:

Jeder Metzger lobt seine Wurst
Wenn der Metzger Ochsen kaufen will, geht er aufs Land!
Einen Metzgergang getan
Ein guter Metzger leidet keine Scharten im Messer

Müller

Die Siedler im Bayerischen Wald mußten sich mit primitiven Handmühlen begnügen. Für die geringen Erträge des angebauten Getreides, zumeist Roggen und Hafer, hatten ihren Vorfahren noch der Mörser oder der Mahlstein vor dem Haus genügt. Die größeren Mahlsteine wurden von Tieren betrieben. Mit der Urbarmachung weiter Flächen des Bayerischen Waldes wuchs schließlich dem Müller das selbständige Handwerk zu. Die Getreidemühlen mit Wasserbetrieb wurden entweder von Dorfgenossenschaften unterhalten, von der Obrigkeit oder waren ausschließlich in Privatbesitz. Weniger im Bayerischen Wald, aber im Donautal und im Rott- und Inntal brachten es die Mühlenbesitzer bald zu großem Wohlstand.

Die deutsche Mühle, so im Gegensatz zur englischen oder amerikanischen Mühle genannt, hatte zwei Mühlsteine von 85 Zentimeter Durchmesser, die von einem großen Mühlrad bewegt wurden. In die »Gosse« über den Mühlsteinen schüttete der Müller das Getreide. Von den gerillten Steinen wurde das Getreide zu Mehl und Kleie zermahlen. Unter den Mühlsteinen befand sich ein Beutelkasten (er wurde »gebeutelt«) und seine Siebe trennten das Mehl von der Kleie. Das »Kernmehl« wurde zum Kochen, zum Knödelmachen, das »Brotmehl« zum Backen verwendet. Oberhalb der eigentlichen Mühle hatte der Müllerbursche sein »Mehlstübl«, in dem meist ein Bretterverschlag mit Strohsack das einzige Inventar war. Hier wartete er auf das Glockenzeichen, das ihn aufforderte, erneut Getreide in die »Gosse« zu schütten.

Oft gehörte zu der Mühle auch eine Ölpresse. Dort ließen die Bauern der Umgebung den vom Flachs gewonnenen Leinsamen zu Öl pressen. Die Ölkuchen oder Ölzelten, die ausgepreßten Samen, wurden als Viehfutter verwendet. Die Bäuerin verwendete das Öl an Stelle von Butterschmalz zum Backen. Auch als Heilmittel fand das Leinsamenöl gute Verwendung.

Die Rothaumühle im »Dorfmuseum Bayerischer Wald« ist heute noch voll betriebsfähig.

Pechsieder

Er war nicht gern gesehen im Wald, der Mann, der ebenso eine finstere Gestalt war wie der Köhler. Denn der Pechler oder Teer- und Wagenschmierbrenner verursachte argen Schaden am Holz. Seine Kleidung, die ihm oft nur noch in Fetzen vom Leibe hing, war pechverschmiert, seine ganze Ausrüstung bestand aus dem Pechhackl und dem Pech-Keiler.

Im Frühjahr oder im Herbst ging er in den Wald, suchte sich geeignete Bäume aus und riß mit dem Pechhackl die Rinde auf. Wenn das ausfließende Harz dann eine dicke Schicht gebildet hatte, kratzte er es mit der anderen Seite des Hackls, dem Schaber, vom Baum. Dabei hatte er den Pech-Keiler so unter der aufgerissenen Rinde befestigt, daß die abgekratzten Harzbrocken in den »Keiler« fielen. Der Keiler, das war nichts anderes als ein Sack, der durch ein Holz halbkreisförmig aufgespannt war, so daß ihn der Pechler mit seinem Körper an den Stamm drücken konnte und nicht zu halten brauchte. Das Pechhackl hatte verschiedene Formen, oft wurde auch ein eigener Schaber verwendet.

Das so gewonnene Pech wurde geschmolzen, gereinigt und zu einer Brotform erhärtet. Faßbinder, Bürstenbinder und Schuhmacher waren die wichtigsten Abnehmer. Das Pech war teuer, denn die Ausübung dieses Berufes war gefährlich. Die Förster waren die größten Gegner der Pechler. Obwohl es Leute gab, die sagten, der Schaden, den der Pechler anrichtete, sei auch ein Nutzen, denn die Pechringe um die Bäume hielten den Borkenkäfer ab, wurden die Pechler verfolgt wie die Räuber. Die Pechler waren vogelfrei und jeder Förster konnte sie erschießen. Deshalb traten sie meist in Banden auf, um sich gegenseitig schützen zu können.

Weniger gefährlich war die Wagenschmierbrennerei. Besonders geeignet waren Kiefernstöcke, deren Wurzeln besonders viel Harz sammelten. Die Kerne wurden in Teeröfen destilliert. Die Destillation dauert meist zwei Wochen. Der ausfließende Teer wurde in Fässern verschickt und tat als Wagenschmiere gute Dienste. Auf dem Land handelte der Wagenschmiermann mit diesem Produkt. Er hatte ein Hundefuhrwerk mit einem Faß auf dem Wägelchen, aus dem er die Wagenschmiere schöpfte. Wie der Pechler, war auch er über und über von Pech verschmiert, »blechern«, wie man das steifgewordene Gewand nannte. Adalbert Stifter schildert einmal, wie ihm ein Wagenschmierhändler schwarze Stiefel an die nackten Bubenfüße malte.

Volksmund:

Wer Pech angreift besudelt sich
Wie Pech und Schwefel zusammenhalten
Ein Pechvogel sein und Pech haben
Im Pechstiefel fangen lassen
Er hat Pech an den Hosen

Rechenmacher

Der Rechenmacher stellte auch Heugabeln, Sensen, Drischel und ähnliches landwirtschaftliches Gerät her. Meist hatte er in seinen Familienmitgliedern - in der großen Zahl der Kinder - tüchtige Helfer. Das war notwendig, wenn die ganze Familie von dem geringen Einkommen leben sollte.

Für den Handrechen werden Fichtenstangen verwendet, die man im Wald »Hannichel« nennt. Das »Rechenhaupt«, die Querstange mit den Zinken, wird aus Buchenholz angefertigt. Die Zähne sind die »Zinken«, sie können aus Buchenholz, Ahorn, Birke, aber auch aus Erle, Haselnuß oder Kranewitstauden sein. Die Zinken werden durch Dörren gefestigt, vor dem Einsetzen in die Löcher aber in Wasser getaucht.

Es gibt Rechen mit runden und mit viereckigen Zinken, die haltbarer und teurer sind, weil die viereckigen Löcher mehr Zeit benötigen. Manche Rechen haben 17 bis 19 Zinken, andere 21 und mehr Zinken. Beim sogenannten »Brettlrechen« ist der Stiel vorn breiter, daher sitzt er besser. Der Bügelrechen hat noch eine Verbindung des Stiels mit dem Haupt aus Weidenholz. Die meisten Rechenstiele (»Furkl«) sind vorn gegabelt, entweder von Natur oder geschlitzt; das Haupt sitzt auf diesen Gabeln besonders fest. Schließlich kannte man früher noch den Doppelrechen, der ähnlich wie eine Gliederegge konstruiert war.

Die Heugabeln werden überwiegend aus Buchenholz hergestellt, ebenso die Sensenknittl oder Sensenwürfe. Eine besondere Form hatte die Getreidesense oder »Wachel«. Sie hatte andere Handhaben und zum Umlegen der Getreidehalme war ein Zargenboden angebracht. Ein wichtiges landwirtschaftliches Gerät war der Drischel, aus Handstecken und Schwengel bestehend.

Trotz des immer noch großen Holzreichtums des Bayerischen Waldes gibt es im ganzen Waldgebirge nur noch wenige Rechenmacher. Die Rechen, die heute in den Geschäften angeboten werden, kommen zum größten Teil aus dem Ausland.

Sattler

Die ersten Siedler im Bayerischen Wald werden auch das Geschirr für ihre Pferde selber hergestellt haben, wie sie das ja auch später als Auswanderer in Südosteuropa, in Nordamerika und Brasilien wieder tun mußten. Beschreibungen über das Leben dieser Auswanderer, die in den Weiten des Banat oder in den Urwäldern Amerikas den Boden rodeten, Blockhäuser bauten und Brunnen gruben, lassen erkennen, daß es leichter hatte, wer die ländlichen Handwerke gut beherrschte. Aus den Berichten und Erzählungen geht aber auch hervor, wie man sich gegenseitig aushalf und daß »Fachkräfte« in der Anfangszeit der Siedlungstätigkeit besonders gefragt waren.

Der »Sattler« machte wohl ursprünglich nur Pferdegeschirre, die Sättel, die ihm den Namen gaben, kamen erst später hinzu. In der Neuzeit war er zugleich Polsterer, fertigte Kanapees an und Kutschen, stellte Koffer her und Taschen, schließlich war er auch Tapezierer. Die Sattler, Riemer, Täschner und Tapezierer gehörten im vorigen Jahrhundert zu einer Innung. 1928 gab es im Bayerischen Wald noch 90 Sattler.

Die Bedeutung des Sattlers ist eng mit Pferd und Wagen verbunden, jahrhundertelang einziges Transportmittel und Statussymbol wie heute das Auto. Bauer und Fürst benötigten die Dienste des Sattlers. Er übernahm auch die eigentlich den Gürtlern zustehende Anfertigung von Wehrgehängen aus farbigem Leder, von Hosenträgern und ledernen Miederschnüren. Wie bei vielen ähnlichen Handwerken gab es auch hier den »Störgeher«, den Dorfhandwerker, der keine richtige Werkstatt hatte, sondern »auf die Stör« ging, also von Hof zu Hof zog und vor allem ramponiertes Lederzeug reparierte. Riemer, Täschner oder Beutler und Handschuhmacher waren städtische Gewerbe.

Volksmund:

Fest im Sattel sitzen
Jemanden aus dem Sattel heben
Wer gut sattelt, reitet gut
Früh gesattelt, spät geritten

Säger oder Sägemüller

Natürlich sagt im Bayerischen Wald niemand »Säger« zu ihm, er heißt »Sooga«. Er ist der Mann, der die Säge bedient, die sich erst seit dem vorigen Jahrhundert Sägewerk nennt. Die »Brettsäge« ist eine Schwester der Mühle. Am gleichen Bach, der auch das Mühlrad trieb, errichteten die Bauern ihre Säge. Sie war meist ein Gemeinschaftswerk, gehörte einer Genossenschaft. Die Mitglieder benutzten sie wochenweise und noch vor einigen Jahren konnte, wer auf dem Lande zu tun hatte, von einem Bauern hören, daß er in der kommenden Woche diesen oder jenen Auftrag nicht ausführen könne, weil er da seine »Saagwocha« hatte. Das heißt, er war an der Reihe und durfte die genossenschaftliche Säge benutzen.

Wie beim Bau einer Mühle mußte im Bach ein Wehr gebaut werden mit einem Wehrgraben, durch den das Wasser zum Wasserrad geleitet wurde. Das Wasser lief entweder »überschlächtig«, also von oben auf das Wasserrad, oder »rückschlächtig«, das heißt, der Wasserguß traf die Schaufeln etwas über der Mitte des Raddurchmessers, das Rad lief gegen den Wasserfluß. »Unterschlächtig» wurde das Rad nur bei schnell fließendem Wasser angetrieben, zum Beispiel bei den Schiffsmühlen, wie sie in Passau am Innufer lagen. Das unterschlächtig angetriebene Rad nannte man auch »Fluterrad«, von »durchfluten« abgeleitet.

Das von der Kraft des fallenden Wassers angetriebene Schaufelrad drehte eine Welle. Auf dieser Welle saßen Daumen oder Zähne, die, ähnlich wie beim Hammerwerk den Hammer, hier das Gatter anhoben, an dem das Sägeblatt saß. Später dann ermöglichte ein Zahnräderwerk die Verwendung eines dünneren Sägeblattes, was wiederum zu einem feineren Schnitt führte. Das Bloch, der Baumstamm, lag auf einem Sägewagen mit kleinen hölzernen Rädern, die in einer 'Schiene' liefen. Das sogenannte Schubwerk bewegte den Sägewagen ruckweise hin zum Sägeblatt, abgestimmt auf den Sägevorgang. Ein Läutwerk zeigte dem Säger an, daß der Schnitt dem Ende zugeht.

Auch wenn sich das Gatter mittels Zahnradgetriebe schneller bewegte als über den Zapfen der Welle, dauerte es schon seine Zeit, bis ein Baumstamm durchgesägt, ein Brett abgeschnitten war. Der Säger mußte höllisch aufpassen, daß der Schnitt gleichmäßig verlief. Damit sich das Sägeblatt nicht verklemmte, mußte er dahinter Keile in den Einschnitt treiben. Es war auch keine leichte Arbeit, einen neuen Baumstamm auf den Sägewagen zu heben. Ab und zu mußten die Zähne des Sägeblatts geschärft werden.

Wie der »Müllner«, hatte auch der »Sooga« ein Stüberl, in dem er sich aufwärmen konnte, in dem er zumeist auch schlief und in dem er so nebenbei aus dem Holzabfall allerhand brauchbare Dinge anfertigte. Da anfangs nur mit einem Sägeblatt geschnitten wurde, mußte das Werk auch nachts laufen. Kein Wunder, daß ihn da im Winter nicht nur die Holzknechte zum Aufwärmen besuchten, sondern - im Grenzgebirge - des nachts auch die Schmuggler und Schwärzer, die Wilddiebe und Landstreicher.

Das Essen kochte er sich entweder selber auf einem Kanonenöfchen oder eine Magd vom nahen Hofe brachte es ihm in der »Saagbutt'n«. Es war kein leichtes Leben, das der einsame Mann führte, doch er hatte sein »Auskommen« - und das bedeutete in früherer Zeit schon sehr viel.

Im »Dorfmuseum Bayerischer Wald« ist eine alte Säge zu sehen.

Schaufelmacher

Viele Sorten hölzerner Schaufeln wurden früher gebraucht, allein der Kaufmann hatte schon einen großen Bedarf. Wie viele »Holzbitzler« suchte sich auch der Schaufelmacher seinen Baum schon im Wald aus. Einen Durchmesser von mindestens 80 Zentimeter mußte er haben, wenn daraus Malz- und Bräuhausschaufeln werden sollten. Der Stamm wurde zerschnitten, die Teile gespalten. Die Länge eines Klotzes richtete sich nach der Länge der Schaufel. Der Klotz mußte so fein gespalten werden, daß mit möglichst wenig Materialverlust gearbeitet werden konnte. Die abgespaltenen Stücke wurden nach einer Schablone roh ausgehauen, der Stiel ausgespalten. Die Feinarbeit erledigte der Schaufelmacher auf der Schnitzbank mit Dexel, Reifmesser, Rundschaber und anderem Werkzeug.

Volksmund:

Jemanden auf die Schaufel nehmen
Sich selber das Grab schaufeln

Die gute alte Zeit

Schindelmacher

Das Schindelmachen gehörte zu den Handwerken, die ein Siedler im Bayerischen Wald beherrschen mußte. Stroh war rar, denn in den höheren Lagen gedieh das Getreide nur spärlich und die Halme blieben kurz. Holz dagegen gab es reichlich und so wurden die Waldhäuser überwiegend mit Schindeln gedeckt. Diese ersten Schindeln nennt man »Legschindeln«. Sie waren lang und breit, aus gutem Tannenholz gefertigt. Sie wurden auf den flachen, nur leicht geneigten Dachstuhl aufgelegt, nicht festgenagelt. Quergelegte Stangen hielten die Schindeln beieinander; die Stangen wurden mit aufgelegten schweren Feldsteinen beschwert, die man im Volksmund auch »bayerische Schindnägel« nannte.

Die stärkere Besiedlung des Bayerischen Waldes ließ die Schindelmacherei zu einem Beruf werden. Kleinhäusler beschäftigten sich damit im Winter, aber es gab bald Schindelmacher, die von Ort zu Ort zogen, um bei den Bauern »auf der Stör« zu arbeiten. Schließlich wurden die Schindeln zu einem Handelsartikel; Händler aus den Märkten und Städten kamen im Frühjahr in den Wald und kauften bei den Kleinhäuslern die Schindeln auf.

Die ganz alten Schindeln waren fugenlos, bis zu 80 Zentimeter lang und ungleich breit; deshalb wurden sie auch »Schindelbrettln« genannt. Das Abspalten der Schindeln vom Scheitholz nennt man »kluibn«. Der Schindelmacher verwendet dazu Spalthackel und Holzschlegel.

Jüngeren Datums sind die Falzschindeln. Sie waren nicht in der Länge, sondern in der Breite keilförmig geschnitten. Die dickere Seite erhielt eine Nut, in die Feder oder Dübel der schwächeren Seite eingeschoben wurden. Diese Schindeln wurden auf der Dachlatte festgenagelt; immer eine Reihe wird so zu einer fest miteinander verbundenen Leiste. Dafür verwendete man bestes Holz. Der Schindelmacher saß auf einer Art Bock, ein Gestell, das »Heinzelbank« heißt und von allen Holzwarenherstellern verwendet wurde. Für das Herausarbeiten von

Nut und Falz hatte er eigene Hobeln. «Naaln« nannte man im Hochwald diese Arbeit. Sie erforderte sehr viel Sorgfalt.

Halbmaschinell wurden schon die sogenannten «Stoßschindeln« hergestellt und zwar mittels einer göppelartigen Zug- und Stoßvorrichtung. Die Göppelstange bewegten zwei oder drei Knechte und Mägde, es gab auch schon mit Hilfe der Wasserkraft betriebene Göppel. Dabei wurde die Schindel von einem eingespannten breiten Hobel »abgestoßen«. Während am Ende der bis zu zehn Meter langen Göppelstange die Hilfskräfte laufen, steckt der Hobel in der Nähe des anderen Endes der Göppelstange, die sich, auf einen Pfahl gesteckt, leicht drehen läßt. Die Göppelstange nannte man auch »Schindelbaum«. Ähnlich wurde bei der Verwendung von Wasserkraft verfahren. Entweder schob ein Rahmen das Holz über den feststehenden Hobel oder der Hobel, den dann ein Arbeiter niederdrücken mußte, wurde geschoben, beziehungsweise mittels Wasserkraft gezogen.

Später sind Holzschindeln in Hausarbeit schon mit der Kreissäge hergestellt worden oder gleich in den Sägewerken. Den Wettbewerb mit der Dampfsäge überlebten die Schindelmacher nicht. Doch auch maschinell hergestellte Schindeln fanden keinen Absatz mehr, als die Feuerversicherung aufkam und die Eindeckung der Dächer mit gebrannten Ziegeln förderte.

Volksmund:

Es sind Schindeln auf dem Dach!
Die bleibt ihren Lebtag eine dürre Schindel
Meine Tochter will hoch hinaus, sagte die Mutter, da heiratete sie einen Dachdecker!
Für mein Dach sind das keine Schindeln

Schmied

Aus allen Kulturperioden der Menschheit fördern die Archäologen Zeugen seiner Tätigkeit ans Tageslicht: Waffen, Schmuck und landwirtschaftliche Geräte. In der Antike schon, aber auch bei den alten Germanen hat man dem Schmied magische Kräfte zugeschrieben. In den Heldensagen ist von Schmieden die Rede, die nicht nur über gewaltige leibliche, sondern auch über Zauber-Kräfte verfügen.

Im Mittelalter teilte sich das Schmiedehandwerk in Grobschmiede und Feinschmiede. Die Grobschmiede waren Hufschmiede, Sichel- und Dengelschmiede und Waffenschmiede. Aus den Feinschmieden entwickelte sich das Schlosserhandwerk mit allen seinen Zweigen, zu denen sogar die Uhrmacher gehörten. Später ging die Spezialisierung weiter.

Im Bayerischen Wald gab es diese Spezialisierung nicht. Der Mann, der die schönen Grabkreuze schuf, den Dreifuß für den Herd und den eisernen Spanhalter, der konnte auch ein Hufeisen formen, Hacken und Schaufeln schmieden und Möbelbeschläge. Er war zugleich Schlosser und Mechaniker. Und er war ein Künstler.

Die Mehrzahl der von kunstsinnigen Schmieden geformten Grabkreuze ist verlorengegangen, nur wenige sieht man noch auf den Friedhöfen. Die schönen schmiedeeisernen Grabkreuze, von denen einige in den Museen erhalten geblieben sind, zeigen reichen Spiralen- und Blätterschmuck. In der Mitte tragen sie ein Schriftkästchen, ein eisernes Kasterl mit einem Türl, darinnen sind Name und Daten aufgeschrieben, dazu vielleicht noch ein Muttergottesbild. Wahre Kunstwerke schufen die ländlichen Schmiede: Grabkreuze mit ausgeschnittenen und bemalten Blechfiguren, Christus, umgeben von Engeln und Heiligen, rund herum prächtige Ranken und Blüten.

Der ländliche Schmiedekünstler fertigte vieles für den Pfarrer, mitunter wagte er sich an besonders schwierige Aufgaben, zum Beispiel an die Anfertigung eines Chorgitters. Und das war dann der gleiche Mann, der auch die Messingbeschläge für das Pferdegeschirr schuf, die Stirnplatte für den Ochsen. Einfach ein Tausendsassa in der rußigen Schmiede, ein rechter Zauberer, als den ihn unsere germanischen Vorfahren ansahen.

Volksmund:

Jeder ist seines Glückes Schmied
Schmiedes Kinder sind die Funken gewöhnt
Wir wollen Nägel mit Köpfen schmieden
Das Eisen schmieden, solange es heiß ist
Kann er schon nicht schmieden, so kann er wenigstens den Blasebalg ziehen

Der Schneider und die Näherin

Die Kleidung wurde über Jahrhunderte hinweg im Hause hergestellt und das Schneiderhandwerk entstand erst mit dem Aufstieg der Städte. Im Bayerischen Wald, wo man bis ins vorige Jahrhundert hinein noch Leinen und Tuch selber herstellte, schneiderten die Frauen und Mägde die Wäsche und die Kleider.

Erst verhältnismäßig spät fand der Schneider den Weg aufs Dorf und auch dann kam er meist nur »auf die Stör«, das heißt, er besuchte einmal im Jahr seine Kunden und fertigte aus dem vorhandenen Material an, was auf dem Hof an Bekleidung benötigt wurde. Der Störschneider wurde verköstigt und bekam für seine Arbeit ein geringes Entgelt.

Die Tracht, die man damals im Waldland trug, wandelte ihr Aussehen nur selten im Verlauf der Jahrhunderte, blieb unberührt von den Moden der Städter. Dies änderte sich erst, als die Dorfschneider den städtischen Schnitt aufs Land brachten, den sie sich in ihren Lehr- und Wanderjahren angeeignet hatten. Mit der fortschreitenden Erschließung des Waldlandes fanden auch die Hausierer den Weg in die Dörfer, sie brachten feine Schnittware aus der Stadt und die weichen Tuche und bunten Muster fanden auch bei den Waldlern Gefallen; noch dazu war das Fabriktuch billiger als die feste Ware aus den Werkstätten der ländlichen Weber.

Bis zum vorigen Jahrhundert trugen die Waldler noch ihre Trachten und sie unterschieden sich je nach Landschaft und Gerichtsbezirk ein wenig.

Einer der wenigen auf dem Land bekannten Frauenberufe wird von der Näherin ausgeübt. Doch auch sie kam aus der Stadt. Bevor die Näherin ihre in der Stadt erlernte Kunstfertigkeit aufs Land brachte - meist hatte sie das Nähen als Dienstbote erlernt - nähten Bäuerin, Töchter und Mägde die Wäsche für den Hausgebrauch selber; die Töchter ihre eigene Aussteuer.

Von den in die Heimat zurückgekehrten Dienstboten erlernten viele Landmädchen das

Nähen der »feinen Wäsche« (Weißnähen) und auch das Sticken. Besonders körperlich behinderte Mädchen, von denen es früher auf dem Land viele gab, machten schließlich die Näherei zu ihrem Broterwerb. Bald wurde es üblich, daß geschickte Ausnäherinnen auf die einzelnen Höfe gerufen wurden, wo sie nicht nur die Gebrauchswäsche ausbesserten, sondern auch die Aussteuer anfertigten.

Gute Näherinnen waren schon immer gesucht, ihre Adressen wurden unter Freundinnen weitergegeben. Manches fleißige Mädchen hat sich als geschickte »Nadlerin« ein schönes Heiratsgut zusammengespart und oft übte sie das »Störnähen« auch nach der Verheiratung weiter aus und ernährte damit in schweren Zeiten die ganze Familie.

Volksmund:

Ihn friert wie einen Schneider
Er steht da, wie ein geleimter Schneider
Aus dem Schneider heraus sein

Der Schnupftabakreiber

»Bayern verbraucht von allen europäischen Ländern verhältnismäßig den meisten Brasil, was es seinen Waldlern verdankt, von denen unter hundert, nach Physikatsberichten, neunundneunzig Schmalzler schnupfen«, heißt es in einem Bericht aus dem Jahre 1861. Und so wurde der Schnupftabak einst im Walde hergestellt: Der aus sehr fetten, kräftigen, schweren Blättern bestehende Rohstoff, mit Pflanzensäften gebeizt, kam ursprünglich in etwa ein Zoll dicken gedrehten Stricken in Ochsenhäute eingenäht aus Brasilien, später größten Teils aus der Pfalz. Auf einem Brett wurde er fein geschnitten, entweder mit dem Messer oder mit einer Art Häckselmaschine. Zum Zerreiben diente ein irdenes oder steinernes Geschirr, der »Scherm«. Er war inwendig glatt, etwa 15 Zentimeter hoch und 35 Zentimeter weit. In der Mitte waren diese Gefäße derb gearbeitet, so daß ein Buckel und eine enge, kreisförmige Bahn entstanden. In diese Bahn rund um den Spitz wurde der Tabak geschüttet. Mit einem Reiber - oft nur ein umgedrehter Krautstampfer - wurde nun der Tabak langsam zerrieben.

Bald kam eine sorgfältig bemessene Messerspitze Schmalz hinzu, daher der Name »Schmalzler«. Jeder Tabakreiber hatte sein eigenes Rezept für die Zutaten: Gedörrte Zwetschgen, Zwetschgenkerne, Mehl, Holzasche, Zucker, Kalk. Um den teueren Tabak zu strecken, wurden auch billige Tabake, Baumrinde, ja sogar gedörrter Kuhfladen hinzugemischt. Schmalz soll dem Tabak den Wohlgeruch erhalten. Asche und Kalk sollen ihm Schärfe verleihen. Der fertige und ausgesiebte Schnupftabak wurde dann in die flachen Schnupftabakgläser gefüllt. Das Tabakschnupfen soll das Sehvermögen schärfen, sagte man früher. Deshalb wurde auch einem Pferd, das »böse Augen« hatte, Schnupftabak »eingeblasen«. Erst wenn das nichts half, schickte man um den Tierarzt. Der Waldler meint, das Schnupfen verhelfe zu einem »besseren Sinn«, das heißt, zu klügeren Gedanken. Und von solchen Leuten, die das Schnupfen nicht vertragen und dabei viel niesen müssen, sagt man, sie hätten eine »Jungfernnase«. Wenn der Anfänger heftig niest, sagt ein alter Schnupfer: »Das ist ein gemachtes (künstliches) Gewitter!« Und in einem Waldler-Schnadahüpferl heißt es: »I wollt, i war am Rachl - und der Berg war von Brasil - daneben a Forellenbachl - kunnt mi gern habn wer mi will!«

Aus Volksliedern

I wollt, i waar am Rachl
und da Berg war von Brisül,
daneb'n vo Bier a Bachl
kunnt' mi gern hom, wer mi wüll.

Grüaß di God, Waldlersbua, valleri,
Wo kummst denn her, vallera?
Hast an guatn Schmaizlertabak, valleri,
Hau a Pris her!

Schreiner

Der ländliche Schreiner entstammt dem Gewerbe des Zimmermannes, der ursprünglich nicht nur das Haus baute, zumindest für seine hölzernen Teile zuständig war, sondern auch die Einrichtung schuf. Der Schreiner war gleichzeitig Zimmerer und Drechsler. Ihm obliegt bis zum heutigen Tage die Inneneinrichtung eines Hauses ebenso wie die Herstellung des Mobiliars, will man nicht einen »Innenarchitekten« zwischenschalten und die Möbel aus der Fabrik beziehen.

Ältestes Möbelstück im Bauernhaus ist die Truhe, Jahrhunderte stand sie im Bauernhof, heute hat sie im Stadthaus ihren Platz. Später kamen die Schränke hinzu und zu den früher allein gebräuchlichen Bänken die Stühlc. Aus der Werkstatt des Schreiners kamen auch das Bett - im Wald das »Kastenbett« - und die Wiege, der Tisch natürlich und der Schüsselkorb. Für die Bemalung der Möbel war meist die Frau oder Tochter des Schreiners zuständig.

Was ein Schreiner alles anfertigte, zeigt am besten die Beschreibung der Ladung eines Kammerwagens, also des Brautgutes für eine Hochzeit: Ein zwiespänniges Himmelbett, ein Tisch, zwei bis vier Stühle, ein Schemel, ein Lehnschragen, ein Geschirrkasterl mit Schüsselkar, zwei Gewandtruhen, zwei »Hängkästen« (Schränke zum Aufhängen der Kleider), ein Speiskasten, eine Wiege, eine Mehltruhe, ein Waschtrog, ein Nudelbrett ...«. Dazu gesellte sich natürlich das übliche Hausgerät an Zubern und Schaffeln, das Spinnrad und das Krautfassl, Rührkübel und Bilderrahmen, Waschtrog und Nudelwalker.

Volksmund:

Der Tisch hat mehr Beine als du denkst
Reinen Tisch machen
Von Tisch und Bett getrennt
Energisch auf den Tisch hauen
Etwas unter den Tisch fallen lassen
Jemanden unter den Tisch trinken
Es geht über Tische und Bänke
Der Schreiner muß überall den Hobel führen
Etwas auf dem Kasten haben
Einem den Stuhl vor die Tür setzen

A Gabler inv: et del.

Schuhmacher

Der von den Bauern über Jahrhunderte hinweg getragene Schuh war der sogenannte »Bundschuh«. Das Schuhwerk, sogar das ländliche, war der Mode unterworfen. Bis zur Französischen Revolution war die Kleidung der Landbevölkerung, vor allem in den Mittelgebirgen, höchst einfach. Das ganze Gewand aus grobem, selbstgearbeiteten Zeug war von gewöhnlichem Zuschnitt. Auch das Schuhwerk war grobschlächtig, im Bayerischen Wald trug man fast nur Holzschuhe. Allein die Hüte (vom »Huterer« angefertigt) und die Schuhe für den Kirchgang, für Feiertage und Hochzeiten, wurden gekauft. Erst zu Beginn des vorigen Jahrhunderts begannen sich die jungen Leute besser zu kleiden, die Männer trugen Stiefel oder Schnürschuhe, die Frauen ebenfalls Schnürschuhe oder - zum Kirchgang - Schnallenschuhe. Der reichere Bauer war nicht nur an den Silberknöpfen der Joppe oder Weste und an anderem Zierrat zu erkennen, sondern auch an den feinen Juchtenstiefeln.

Der Schuster war ein armer Fretter. Wo sollte auch das Geld herkommen in einem Landstrich, in dem die Menschen im Winter Holzschuhe trugen und im Sommer barfuß gingen? Die Kinder bekamen ihre ersten Lederschuhe zur Firmung, sogar zur Schule liefen sie im Sommer barfüssig und im Winter mit Holzschuhen, mit denen man so schön auf der »Eisbahn« rutschen konnte.

Erst das Industriezeitalter schaffte Wandel, es kam mehr Geld unter die Leute, der Schuster machte bessere Geschäfte. Doch nur kurze Zeit währte die Blüte seines Gewerbes im armen Waldland. Bald lieferten die Schuhfabriken billige Ware in die Märkte und kleinen Städte und damit wurde aus dem »Schuhmacher« der Flickschuster. Auch er wanderte von Hof zu Hof und besserte nicht nur das Schuhwerk aus, sondern auch andere Lederwaren. Heute betreibt der Schuhmacher sein Geschäft nur noch nebenbei, seinen Lebensunterhalt verdient er mit dem Schuhverkauf, er ist zum Händler geworden.

Volksmund:

Schuster, bleib bei deinen Leisten
Auf Schusters Rappen reisen
Ein rechter Schuster sein
Er spielt wie ein Schuster
Sie hat ihm den Schuster gegeben
Etwas zusammenschustern
Jemanden etwas zuschustern
Nicht wissen, zu welchem Schuster man gehen soll
Er will Schuster werden, um sich die Schuhe selber machen zu können
Ein Schuster der predigt, macht schlechte Schuhe
Dem Schuhmacher ist der Schuh wichtiger als der Fuß
Jeder Schuster schilt den Zwirn

Seiler

Die in der Wirtschaft benötigten Seile und Stricke stellte der Bauer früher selber her. Im Bayerischen Wald verwendete man dazu, was beim »Flachs-Schwingen« zu Boden fiel. Ein Büschl Flachs wurde über eine Stuhllehne gelegt. Mit der einen Hand hielt man das Büschl, in der anderen hatte man ein schwertartiges Holz, mit dem die herabhängenden Flachsfasern senkrecht »geschlagen« wurden. Das Büschl hieß »Baußn«, die zu Boden fallenden Reste der Stengel nannte man »O'(Ab-)schwingerling« oder Schwingwerg. Dieser Werg wurde zu Seilen gedreht, zu Stricken, Gurten und Tragbändern für die Kürben (Buckelkörbe) verarbeitet. Auch die »Geißeln« (Peitschen) wurden aus diesem Werg gedreht.

Später galt dieses ländliche Handwerk als eigener Beruf. Der Seiler zählt zu den ältesten Berufen. Als Material verarbeitete der Seiler vor allem Hanf, der sich durch seine Länge und die Festigkeit der Fasern besonders für dicke Seile eignet. Es wurden allerdings auch Lindenbast und Tierhaar verwendet. Mit dem Rückgang der Leinenweberei kamen immer mehr ausländische Fasern auf den Markt, wie zum Beispiel der Manila- und Jutehanf, der sehr leicht ist, oder der Aloehanf, der schnell trocknet und daher nicht geteert zu werden braucht.

Seine Arbeit verrichtete der Seiler auf der Reeper- oder Seilerbahn, einem langen, überdachten Platz. Der Seiler bindet sich den Hanf um den Leib, zieht die Fasern heraus und hängt sie an die Spindeln des Seilerrades. Während der Seiler rückwärts geht, werden aus dem Hanfbüschel immer mehr Fasern herausgezogen, die sich zu einem Faden drehen; mit dem »Spinnhadern« glättet der Seiler den so gesponnenen Faden. Zum Drehen der Seile wird der »Seil- oder Strickwagen« verwendet, den auch die Flachsbauern im Bayerischen Wald kannten. Zwischen den Weltkriegen gab es vereinzelt noch solche Strickwagen, heute sind sie verschwunden.

Schon im vorigen Jahrhundert wurden die Seilereien mechanisiert, Seilmaschinen (Seillitzen-Spinnmaschinen) übernahmen die mühselige Arbeit des Seilers, dessen Beruf heute nur noch als Familienname an ein traditionelles bäuerliches Handwerk erinnert.

Volksmund:

Des Seilers Braut heiraten
Er wird mit des Seilers Halstuch beschenkt
Der Seiler zieht seine Sache in die Länge und wird doch zur rechten Zeit fertig
Was ist der Teufel? Er ist ein Seiler und macht viele tausend Fallstrick

Siebreifenmacher

Siebzargen (Siebränder) werden im Bayerischen Wald schon seit vielen hundert Jahren hergestellt. Im Jahr 1553 wird den Zwieselern das Recht eingetragen, Sieb- und Kufholz einschlagen zu dürfen. Von den Siebreifenmachern wurde nur gutes Holz verwendet, deshalb lagen sie mit der Obrigkeit auch oft im Streit. Das Zargen-Holz mußte astrein sein und sich leicht spalten lassen. Verwendet wurde das Holz von Fichten, Tannen und Buchen.

Der Zargenmacher säubert das Stück Holz, spaltet es in der Mitte, höhlt den Kern heraus und entfernt den äußeren Teil, der meist Astansätze hat. Der übrig gebliebene Rest wird nun fein säuberlich gespalten, eine Arbeit, die viel Geschick erfordert. Die so gewonnenen »Späne« werden auf Siebreifengröße geschnitten und in heißem Wasser aufgeweicht. Wenn sie geschmeidig geworden sind, kommen sie in eine Walze, in der sie über einer Welle gebogen werden. Der erste Riemen wird zu einem Ring zusammengeheftet, in ihn steckt man dann die weiteren. Früher war es handelsüblich, Siebzargen im Schock zu handeln, das aus solchen Ringen verschiedener Größe zusammengestellt wurde.

Die Siebzargenherstellung um die Jahrhundertwende wird so geschildert: »Der Stammabschnitt, gewöhnlich 2.20 Meter lang, wird in großen Spalten auf den Kern aufgespalten und dieser, weil unbrauchbar, abgekloben, bei der Buche auch in Vierteln zersägt; die einzelnen Spältlinge werden dann mit dem Spaltmesser - bei der Buche mittelst der Kreissäge - in dünne, etwa 7 bis 16 cm breite und 5 mm starke Blätter zerlegt.

Nach Glättung mit Reifeisen und Hobel kommen die Brettchen in die Biegemaschine, in welcher sie an der inneren Seite durch eine mit starken Stahlzähnen versehene Welle in der Holzfaser eingekerbt und geknickt werden, so daß sie eine entsprechende Biegung oder Rundung annehmen. Das Buchenholz wird zuvor noch in heißem Wasser gedämpft, hierauf werden die einzelnen Blätter gleicher Breite in Ringe zusammengerollt«.

Spanmacher

Das offene Feuer inmitten der Höhle war die erste Beleuchtung in einer menschlichen Behausung. Der Umzug in die vier Wände führte zur Entwicklung des Herdes. Das Licht war damit zum Teil verbaut, eine neue Beleuchtungsart mußte gefunden werden. Sicher war es nicht nur ein einziger »Erfinder«, der einen besonders langsam und hell abbrennenden Ast eines Tages in ein Loch in der Mauer steckte - die Kienflamme war erfunden. Jahrhunderte lang ärgerten sich die Menschen mit der ewig rußenden Beleuchtung herum, bis wieder eine Erfindung gemacht wurde: der Span.

Und mit dem Span wurde ein neuer Beruf geboren, der des Span- oder Schleißenmachers. Ursprünglich machten sich die Leute ihre Späne selber, doch mit der Spezialisierung, mit der Mechanisierung der Span-»Produktion«, wurde ein richtiger Brotberuf daraus.

Die Heinzelbank, das Universalgerät des ländlichen Handwerkers für die Holzbearbeitung, tut auch bei der Spanherstellung gute Dienste. Ein Buchen-, Birken- oder Kiefernscheit wird eingespannt und dann wird der Span abgehobelt. Je länger die Späne oder Schleißen sind, desto weniger Arbeit hat man mit dem Auswechseln. Also wurde ein sehr langes Scheit eingespannt und zum Spanschneiden auch ein gut 75 Zentimeter langer Hobel verwendet. Ein Mann allein konnte ihn nicht bedienen, deshalb hatte er vorn und hinten je zwei Zapfen. Diese Zapfen nahmen vorn zwei Mann, die den Hobel zogen; an den beiden hinteren Zapfen schob ein dritter, während ein vierter - meist ein Kind - den losgetrennten Span fing und führte, damit er nicht abbrach. Weil zwei Mann den Hobel zogen, so nannte man ihn »Zwiemandl«.

Die nächste Erfindung waren gedrehte Späne. Zum Drehen des Spans brauchte man schon eine Maschine. Die aber war ein so komplizierter Apparat, daß sie nur ein berufsmäßiger Spandreher bauen und bedienen konnte. In die Spandrehe wurde das etwa einen Meter lange geschälte und im Backofen gedünstete Birken-

scheit eingespannt. Zwei Mann waren für die Bedienung notwendig: Einer bediente die Kurbel des Rades, das mit großer Übersetzung das eingespannte Scheit drehte, während der andere den an einem Gestell befestigten Hobel ansetzte. Damit hob er von dem weichen Scheit einen spiralförmigen Span ab. Der Hobel konnte auf die ganze Länge des Scheits verschoben werden.

Die Birkenspäne waren die besten, denn sie entwickelten kaum Rauch. Deshalb wurden in jener Zeit an allen Rainen die Birken besonders gepflegt, denn der Birkenhain lieferte gutes Lichtholz. Die Hochschätzung der Birke, ihre sorgfältige Pflege, mochte der Grund für die Proteste gegen ihre Verwendung als Fronleichnamsschmuck in den Städten und Märkten sein.

Der Span wurde in eine eiserne Zwinge gesteckt. Weil von ihm Glut abfiel, der »Reispen«, stellte man meist ein Wasserschaffel darunter, wenn nicht schon am Spanhalter selber ein aufgebogenes Eisenbehältnis angebracht war. Der Span mußte auch regelmäßig abgerissen oder abgeschnitten (»geschneutzt«) werden, damit das Licht hell brannte. Die Späne wurden in Büscheln auf den Märkten oder von Hausierern feilgeboten.

Auch zum Kirchgang im Winter nahm man die Späne zum Leuchten mit. Buchenspäne wurden auch als Einlagen in Schuhe (»Schusterspäne«), für Futterale (Degenscheiden), zur Verfestigung von Bucheinbänden und als Rückwand von Spiegeln und Bildern verwendet.

Volksmund:

Über den Span fordern
Über den Span bezahlen müssen
Mit jemandem einen Span haben
Vergessen ist der alte Span
Wo gehobelt wird, da fallen Späne
Mach mir bloß keine Späne!
Mancher spaltet aus einem Splitter ein Fuder Holz
Da fliegen die Späne nur so!

Spanschachtelmacher

Daß man aus verschieden breiten und dicken Spänen auch Schachteln herstellen konnte, dürfte sicher schon sehr bald entdeckt worden sein. Doch war das wohl zuerst nur eine Nebenproduktion der Spanmacher. Ein richtiges Handwerk wurde wohl erst daraus, als die Zündholzfabrikation begann.

Die Spanschachtelmacher verwendeten vorwiegend das billigere Fichtenholz. Es wurde von einem Fichtenscheit abgehobelt oder abgestoßen - ganz so, wie es auch der Spanmacher tat, der Leuchtspäne herstellte. Für die Böden wurde ein anderer Hobel verwendet als für die Seitenspäne, denn der Boden war dicker. Mit einer eisernen Form in der Größe der Schachtel wurde der Boden unter Verwendung eines Holzschlegels ausgestanzt. Die dünneren Seitenspäne mußten dann mit dem Boden verbunden werden. Dies geschah mit Leim oder mit einem besonderen Kitt. Um die verschiedenen Größen für Unterteil und Oberteil (Deckel) zu bekommen, verwendete man Model, über denen Boden und Seitenspan verklebt wurden. Der Kitt wurde aus einer Mischung von Quark mit ungelöschtem Kalk hergestellt.

Gewaltige Mengen von Schachteln sind zuerst allein für die Zündholzfabriken hergestellt worden. Später kamen Schachteln für Bonbons, Pillen und Schuhcreme hinzu. Ein guter Auftraggeber war die Nürnberger Spielzeugindustrie. Eine Familie - meist halfen die Kinder - konnte pro Tag tausend Zündholzschachteln herstellen. Gute Abnehmer der Bayerwald-Spanschachtelmacher waren die Altöttinger Klosterfrauen, die den sogenannten »Quittenkäse« herstellten.

Volksmund:

Eine alte Schachtel
Wie aus dem Schächtelchen
Bemalt wie eine Schachtel

Steinmetz

Der Steinhauer ist im Bayerischen Wald daheim, seltener der Steinmetz, der ist eigentlich ein Städter. Doch in den vielen Steinbrüchen des Bayerischen Waldes fanden sich schon früh besonders begabte Steinhauer, die sich als geschickter Steinmetz erwiesen. In der Hauptsache hatte es der ländliche Steinmetz mit der Anfertigung von Gebrauchsgegenständen zu tun. Da wäre an erster Stelle der granitene Wasserbehälter zu nennen, der Grand, der vor jedem Bauernhaus stand. In ihn lief aus einem Röhrl das aus dem nahen Hang abgeleitete Quellwasser. Gewaltige granitene Tröge in den Ställen, riesige dünne Granitplatten als Trennwände der Stallboxen, aber auch als Stalldecke, zeugen heute noch von der Kunst der Steinhauer und Steinmetze. Letztere sind auch die Künstler, die Kreuzsteine, Marterl und Pestsäulen anfertigten, Flurkreuze und Grabsteine.

Die Steinmetzarbeit in den Kirchen wurde meist von städtischen Steinmetzen ausgeführt. Zum Handwerkszeug des Steinmetzen gehören der stählerne Meißel, den er »Eisen« nennt, der Grönel (ein gezahntes Beil) und die Fläche (ein glattes Beil). Der Schlegel, mit dem er auf den Meißel schlägt, heißt bei ihm Knüpfel. Vom Steinmetz wird plastisches Raumgefühl und Zeichentalent verlangt. Schon früh genossen die städtischen Steinmetzen vielerlei Privilegien. Neben Zimmermann und Maurer zählt der Steinmetz zu den Bauhauptberufen; ein Steinmetzmeister kann die Bauleitung übernehmen.

Der Steinhauer, von dem eingangs die Rede war, begann als Tagelöhner und ist heute Industriearbeiter. Trotzdem hat er zumeist noch sein »Sachl«, den landwirtschaftlichen Nebenerwerbsbetrieb, der ihn Zeiten der Arbeitslosigkeit nicht zu hart spüren läßt.

In den Steinbrüchen des Bayerischen Waldes wurden nicht nur im Auftrag von König Ludwig I kolossale Säulen zum Bau der Befreiungshalle bei Kelheim hergestellt, die dort allerdings nie ankamen, weil man sie nicht transportieren konnte, auch das Dritte Reich bediente sich des Bayerwald-Granits für seine mächtigen Parteibauten.

Strohdachdecker

Ein Dach mit Stroh zu decken, erfordert besondere Fertigkeiten. In der bäuerlichen Dorfgemeinschaft waren die Strohdecker Spezialisten des ländlichen Handwerks. Von der Qualität eines Strohdaches - von der des Materials wie der Verarbeitung - hing seine Lebensdauer ab. Ein gutes Dach hält siebzig Jahre und länger. Für die Abdeckung von Scheunen und Stadeln wird meist nur eine dünne Lage verwendet, für Wohngebäude eine dicke, dicht gepreßte Strohlage.

Es beginnt mit dem Säubern des Materials, vor allem darf das Stroh nicht mit Gras vermischt sein, das schnell fault. Zuerst werden etwa 15 Zentimeter dicke Strohbüschel zusammengelegt, die am Kopf (an der Ähre) mit Stroh oder Zwirn zusammengebunden werden. Um das Stroh geschmeidiger zu machen, sollte man es zuvor mit Wasser übergießen. Die »Schübe«, wie man die Strohbüschel nennt, werden wie Schindeln nebeneinander gereiht und an den Sparren befestigt. Das geschieht auf vielerlei Art. Meist wird die erste Lage mit einer zweiten, über die untere gedeckte Dachlatte befestigt. Die zweite Lage muß die erste zu drei Viertel überlappen, die Dritte wieder und so weiter. Besonders schwierig ist das Eindecken des Firstes. Hierzu werden lange Strohbündel verwendet, die über beide Dachhälften reichen und mit Haselnußruten besfestigt sind, wobei sogar Muster entstehen können. Damit das Stroh keine Stufen bekommt, wird es mit einer geriffelten Keule breitgeklopft.

Gute Strohdächer sind ein idealer Lärm- und Wärmeschutz, im Sommer ist es unter einem Strohdach angenehm kühl. Stroh bildet überhaupt eine vorzügliche Isolierung. Mit der Zeit verfilzt das Stroh, besonders in regenreichen Jahren, es wächst Moos darauf und nicht selten sieht man auf den Dächern sogar Blümchen. In besonders harten Zeiten, bei spätem Schneefall etwa in den Hochlagen des Bayerischen Waldes, wurde einst das Stroh von Stadeln und Scheunen als Viehfutter verwendet; deren Dächer waren ja dünner gedeckt und mußten alle paar Jahre erneuert werden. Hinzuzufügen ist noch, daß aus Stroh auch Körbe, Brotkörbe, Eimer, Fußabstreifer und Hüte angefertigt wurden.

Der Wachszieher

Weit verbreitet war in früherer Zeit das Gewerbe der Wachszieher, die man auch »Wachsler« nannte. Der Wachsbedarf, vor allem der Kirche, war groß. Das Gewerbe der Wachszieher war eng verbunden mit denen der Lebzelter und Metbrauer, denn alle drei verarbeiteten die Erzeugnisse der fleißigen Biene. Den Honig und die Waben der Waldbienen einsammeln war die Aufgabe der Zeidler. Die Bienenzucht, die Imkerei, so wie wir sie heute kennen, entwickelte sich erst spät.

Die Verwendung von Kerzen in den christlichen Kirchen wurde aus dem alten Rom übernommen, deshalb auch wetterte die Kirche zuerst gegen die heidnische Sitte, Wachsfiguren zu opfern und Wachslichter zu brennen. Trotz mehrfacher Verbote setzte sich die Verwendung von Wachslichtern in den Kirchen durch. Riesige Mengen Wachs wurden einst geopfert, rohes Wachs, Kerzen jeder Größe und dann »Wachsfiguren«.

Da gab es Fatschn-(Wickel-)Kinder (mitunter mehrere Kilo schwer), Nachbildungen kranker Körperteile in natürlicher Größe, aber auch verkleinert: Augen, Arme, Beine, Hände, Herzen, Lungen, Kröten und Haustiere, Männer und Frauen in Trachten. Kinder wurden in Wachs aufgewogen. Im vorigen Jahrhundert noch lieferte eine bekannte ungarische Wachszieherei die Donau herauf Häuser aus Wachs, Köpfe, Ohren, Beine, Brüste, Kiefer, Pferde, Kühe, Lämmer, Schweine, Frauen und Männer.

Die in Modeln aus Pflaumen-, Nußbaum- oder Birnbaumholz angefertigten Wachsfiguren waren massiv und hatten eine lange Lebensdauer. Erst mit der Industrialisierung auch der Wachszieherei wurden die Weihegaben hohl, zerbrachen leicht, das Wachs wurde durch Stearin ersetzt. Die Opferkerzen hat man kunstreich verziert und bemalt. Zum Teil sind auch dafür Model verwendet worden, hauptsächlich war der Künstler aber ein sogenannter »Zwicker«. Der Wachsverzierer wurde so genannt, weil er die Verzierung der Kerzen und der Wachsfiguren mit einer kleinen Zwickzange vornahm.

Neben den Kerzen spielten auch die Wachsstöcke eine Rolle. Auch sie wurden von den Wachsziehern schön geformt, bemalt und mit künstlichen Blumen - oder aus Wachs geformten - verziert. Diese Wachsstöcke, gewöhnlich weiß oder rot, dienten als Opfer und als Geschenke. Der Beschenkte verwahrte sie im Glasschrank, der in der guten Stube stand. Alle Formen waren vertreten, das Wachs wurde zu Spiralen gedreht, zu Kugeln gewunden (»Schnecken«), zur Krone geformt, zum Gebetbuch oder einfach wie eine Tasche geflochten. Es gab Wachsstöckl mit eingesetzten Heiligenfiguren, nachgebildeten Münzen und vielerlei verspielter Zierat; diese Wachsstöcke waren jedoch weniger für die Kirche, als für den weltlichen Gebrauch bestimmt.

Das katholische Fest der Kerzenweihe ist Mariä Lichtmeß am 2. Februar. Die Einsegnung der Kerzen erfolgt mit der Formel: »Wir bitten dich, o Herr, durch die Anrufung deines heiligen Namens und durch die Fürbitte der heiligen Jungfrau Maria, deren Fest wir heute feiern, du

wollest heiligen diese Lichter zum Segen des Menschen, zu seinem Heil an Leib und Seele«.

Wagner

Ein altes ländliches Handwerk ist der Wagner, das beweist auch hier wieder der so oft vorkommende Personenname. Der Wagner war ein echter Spezialist. Sicher wußte der Bauer, wie man die Teile für einen Wagen anfertigte, er reparierte sie ja auch selber, wenn bei einem Unfall etwas zerbrach. Um einen Wagen funktionsfähig und haltbar zusammenzubauen - besonders schwierig war das Rad herzustellen - verließ sich der Bauer doch lieber auf den Wagner.

Die ersten Wagen waren, wie alle landwirtschaftlichen Geräte, völlig aus Holz. Nur die stark beanspruchten Naben wurden mitunter mit starken Ringen gesichert. Der sogenannte »Bloßwagen« mußte ganz leicht sein. Ochsen zogen ihn durch eben erst gerodetes Land, auf schlechten Wegen und durch nasse Wiesen. Hoch beladen, wäre ein schwerer Wagen mit eisenbeschlagenen Rädern zu tief eingesunken.

Für den Bau eines Wagens wurden verschiedene Hölzer verwendet. Die Radfelgen waren meist aus Buchenholz. Selten stellte sie der Wagner selber her, er holte die roh ausgehauenen Radfelgen bei den Bauern, die sie in Winterarbeit angefertigt und vor dem Haus aufgeschichtet hatten. Die Räder machte in früherer Zeit der Radmacher, der ein eigenes Gewerbe betrieb. Seit dem 18. Jahrhundert sind jedoch Gestellmacher und Radmacher wieder im Wagner- oder Stellmacherhandwerk vereinigt.

In den Städten wurde der Wagenbauer - der auf dem Land ja auch die Ackergeräte anfertigte - zum Konstrukteur, Designer, der immer leichtere, ruhiger laufende und luxuriösere Kutschwagen entwarf und heute - Autos baut.

Volksmund:

Das fünfte Rad am Wagen
Einem an den Wagen fahren
Vom Wagen auf die Karre kommen
Den Wagen vor die Rinder spannen
Den Wagen nicht im Geleise halten

Zimmermann

Das Gewerbe des Zimmermannes ist älter als das des Schreiners. Ihm, der oft als einziger Fachmann am Bau eines Holzhauses, am Aufsetzen eines Dachstuhls mitwirkte, oblag das schwierige Ausmessen des Balkenwerks, das Abbinden und Heben. Er baute den Glockenstuhl der Kirche und in seinem Kopf entstand das Gerüst eines Zwiebelturmes. Technische Hilfsmittel standen ihm nicht zur Verfügung, er arbeitet nach Erfahrung und Gefühl.

Christoff Weigel berichtete in seiner Beschreibung der Stände, die 1698 erschien, über den Zimmermann, daß man seiner Mithilfe beim Hausbau nicht entbehren könne, ob das Haus nun ganz aus Stein, nur teilweise oder überhaupt in Holz gebaut wird. Die Zimmerleute, so schreibt er, würden auf jeden Fall die Sparren, die Zimmerböden, die Trennwände und den Dachstuhl anfertigen. Die Arbeit der Zimmerleute beschreibt er so:

»Ehe aber solches geschieht, so werden die Balken und die Bau-Hölzer auf einem hierzu bequemen Platz von den Zimmerleuten zuvor gänzlich behauen und mit den Sägen nach dem Maß zersäget, mit Rötel-Stein überall bezeichnet, wo ein Holz in das ander muß gefüget und mit ausgehauenen Löchern zugerichtet werden, daß sie sich ineinander schicken, wo hernach in die durchgebohrten Löcher dicke Nägel geschlagen werden und also alles zusammen befestigt wird. Der Zimmerleute ihre Werkzeuge sind unter vielen anderen: Die Zimmer-Axt und starke eiserne Klammern, womit sie die Balken im Behauen befestigen, daß sie nicht hin und wieder wancken, die Bohrer, Sägen, Zimmerschnur ec ...«

Viele Zimmerleute waren echte Künstler, aus ihrer Hand stammen die Verzierungen an den Balkenenden der alten Bauernhäuser.

Volksmund:

Einem zeigen, wo der Zimmermann das Loch gelassen hat
Auf ein Zimmermannshaar kommt es nicht an
Die schlechtesten Zimmerleut' machen die meisten Späne

Literaturhinweis:

Herbert Linz: Erbgut des bayerischen Handwerks • Hans Jürgen Hansen: Meisterwerke handwerklicher Kunst aus fünf Jahrhunderten • Ernst Mummenhoff: Der Handwerker in der deutschen Vergangenheit • Josef Blau: Böhmerwäldler Hausindustrie und Volkskunst • L. Leythäuser: Wirtschaftliche und industrielle Rundschau im Gebiete des inneren bayerischen Waldes • Bernhard Grueber und Adelbert Müller: Der Bayerische Wald (Böhmerwald) • Heimatkundlicher Arbeitskreis: Der Landkreis Wolfstein • Johannes Linke: Wälder und Wäldler • Passauer Neue Presse: »Heimatglocken« • Verein und Institut für ostbayerische Heimatforschung: Die ostbayrischen Grenzmarken - u.a.m.

Fotos: Schutzumschlag Egon M. Binder; Archiv Museumsdorf Bayerischer Wald;
Archiv Verlag Morsak, Grafenau und Archiv des Autors

Ein Kohlenmeiler wird aufgestellt (zu Seite 48)

INHALTSVERZEICHNIS